ぼくたちは習慣で、できている。

如何养成好习惯

GOOD HABITS

[日] 佐佐木典士 —— 著
金磊 —— 译

中国友谊出版公司

图书在版编目（CIP）数据

如何养成好习惯 /（日）佐佐木典士著 ; 金磊译
. — 北京 : 中国友谊出版公司, 2019.9
ISBN 978-7-5057-4815-6

Ⅰ. ①如… Ⅱ. ①佐… ②金… Ⅲ. ①习惯性—能力培养—通俗读物 Ⅳ. ①B842.6-49

中国版本图书馆CIP数据核字（2019）第203930号

书名 如何养成好习惯
作者 〔日〕佐佐木典士
译者 金 磊
出版 中国友谊出版公司
发行 中国友谊出版公司
经销 新华书店
印刷 三河市冀华印务有限公司
规格 880×1230毫米 32开
10印张 170千字
版次 2019年11月第1版
印次 2019年11月第1次印刷
书号 ISBN 978-7-5057-4815-6
定价 45.00元
地址 北京市朝阳区西坝河南里17号楼
邮编 100028
电话 （010）64678009

如发现图书质量问题，可联系调换。质量投诉电话：010-82069336

献给所有认为自己“意志薄弱”的人

前言

我曾经一直认为自己是个“没有才能”的人，不管做什么事情，都很难认真地坚持到底，体育运动也好，学习也好，都是无果而终。但是，随着我逐渐养成了一些习惯，我的想法发生了转变。对于现在的自己来说，“有没有才能”已经不再是一个值得纠结的问题了。

才能并不是“被给予”的，只要坚持一个好习惯，就能“创造出”才能。

我很喜欢作家坂口恭平。他的小说都是用不同于一般作家的语言表达方式写成的。而且，他还会用吉他谱写动人心弦的歌曲，还能创作出不输于现代美术家的画作。最近，他又开始制作椅子、编织物等物件。怎么看都是一位天才。

坂口君刚出道的时候，被他的父亲批评“你是没有才华的作家，赶紧放弃吧”，而他的弟弟也说他是“只会说大话的家伙”，但坂口君还是把“正因为没有才华，所以只能坚持去做”当成了自己的口头禅。打棒球的铃木一郎、作家村上春树等这些活跃在一线的人物，也都不曾认为自己是个天才。

但是，我们却总是被那些天才的故事所吸引。比如，漫画《龙珠》中的主人公因为怒气而激发出潜能，好莱坞科幻电影《黑客帝国》中的主人公因为被选中，自我能力突然觉醒。

回到现实生活中，我们却发现“才能”并不是这么一回事。即使是天才，也在默默地不断努力。正如下面这句话所言：

天才，不过是能坚持不懈地努力的人而已。

——阿尔伯特·哈伯德

也许，天才指的就是这样的人吧。所以，我产生了这样一个想法：我自己缺少的是不是这种“坚持努力的才能”呢?

我感觉自己对“才能”和“努力”这样的词一直存在着误解。所谓“才能”，并非老天所赐予的东西，而“努力”也并非一定要咬牙忍受痛苦。我希望能将它们归纳到“习惯”这个主题之下，这样一来，普通人也能重拾“才能”与“努力”。这并不是某些人的特权，只要你肯下功夫就能拥有。

本书的内容可以简单总结为：

• 才能并不是“被给予”的，只要坚持一个好习惯，就能创造出才能。

• 通过培养“习惯”的方式能让人坚持付出努力。

• 书中介绍的培养“习惯”的方法，都是可以学会的。

通过写《我决定简单地生活》这本书，我摆脱了对“金钱”和“物质”的困惑。而通过本书,我希望自己能摆脱对“努力”和“才能”的困惑。

本书对我来说，也算是最后的自我启发吧。

那么，就让我们开始最后的准备工作吧。

关于本书的内容结构

同培养习惯一样，最初的阶段总是最困难的。希望尽快了解培养习惯的诀窍的人，只看第三章的内容就好了。

第一章主要是关于“意志力”的问题。不管你想养成何种“习惯”，都常常只有三天的新鲜劲儿。而且，人们总将其归结为自己的意志太薄弱。那么,这种有强弱之分的意志力到底是什么呢?

第二章主要说的是何为“习惯”,以及与“意识”相关的问题。习惯就是不用思考即可做出的行为，也就是我们不需要运用内心的意识就能做出的行为。

第三章介绍的则是实际培养习惯时的 50 个步骤。不管你是想戒掉某个习惯，还是打算养成某个习惯，都可以参考这里的要点。市面上有很多关于习惯的书，不过本书可以说浓缩了各方面的精华内容。

第四章介绍了我在培养习惯的过程中所了解到的“努力”“才能”等这些词的含义。还有，我在实际培养习惯时所感悟到的“如何拓展习惯的可能性”。习惯不仅有利于我们达成目标，而且具有非常深刻的意义。

习惯是人的第二天性。

——西塞罗

习惯是第二天性？！

习惯所产生的能量是自然天性的10倍以上。

——威灵顿公爵

第一章

意志力是先天就有的吗

第三章
养成习惯的50个步骤

第四章
我们都是由习惯构成的

第一章

意志力是先天就有的吗

Are we born
with willpower

我一天的作息时间

我最喜欢的电影导演克林特·伊斯特伍德曾经说过这样一句帅气的名言："我成了一个自己曾经想要成为的那种人。"

虽然我不敢说这样的话，但是现在的我，每天所过的生活也是自己曾经所幻想过的样子。下面，就来给大家介绍一下我每天从起床开始一整天的生活安排吧。

平均一天的生活安排

05:00　起床→做瑜伽
05:30　冥想
06:00　写书稿或者写博客
07:00　大扫除→淋浴→洗衣服→吃早餐→做便当
08:00　写日记→练习英语→浏览新闻或社交媒体
09:10　小睡一会儿（战略性的小憩）
09:30　去图书馆"上班"
11:30　吃中午饭
14:30　从图书馆"下班"
15:00　小睡一会儿
15:30　去健身房
17:30　到超市购物、回复电子邮件、浏览社交媒体
18:00　晚餐后看电影
21:00　拿出瑜伽垫做伸展运动
21:30　上床睡觉

这样的生活作息，即使是周六、周日，也几乎完全没有变化。而像朋友聚会、参加活动、出门旅行等这些特别的安排，也都是放在休息日进行。差不多一周里会给自己留出一天的休息时间。我今年已经38岁了，还是单身，一个人生活，从事着文字工作。也许你会说，因为你是单身，又是一个有很多时间的自由职业者，这换成谁做不到呢。可是，在我刚获得这些我曾经向往的“自由”和“时间”时，情况和现在可完全不一样哦。

享受短暂的隐居生活

无论是当个瓦匠也好，还是其他的什么也罢，人类天生能适应各种职业。唯独不能适应的就是在房间里独处的状态。

——帕斯卡

2016年，我从出版社辞职，开始以自由职业者的身份从事写作工作。由于当时刚拿到了一笔奖金和离职金，所以一时半会儿还不用为钱的事情发愁。即使每天都在床上睡大觉，也不会受到谁的责备。每天都过得很自由，想去哪里玩就去哪里玩。在之前的12年里，作为一名编辑，我一直过着繁忙的生活，而现在能有一段悠闲的时光，我想也算是一种补偿吧。

于是，我就去挑战了潜水、冲浪、马拉松等项目，这些是我以前就想着“有时间了就去完成的计划”。除此之外，我还学会了驾驶、种菜、DIY 等很多新的技能。因为从东京搬到了京都，所以还去了关西很多没去过的地方。

也许，这就是我想要的理想的生活状态吧。说不定，很多人也想着中了彩票或者退休以后过上这样的生活，不用去做讨厌的事情，只做自己想做的事情。

没有太多的自由时间才是幸福的

在当编辑时，每天吃完午饭后，利用那一点点的休息时间看一会儿书，就是我最大的乐趣。我曾经想着辞职了，就应该会有更多快乐的时间了吧。然而，现实却事与愿违。虽然一整天里我随时都可以阅读，却失去了阅读的意愿。人们常常想着有时间了就去做什么事情，但我却觉得即使有了很多时间，也未必真的会去做。

要想出每天该做的工作，也是一件令人十分头疼的事。虽然不用去管杂事，但是要找到有意思的地方并动身前往，久而久之也会让人感到厌倦。

这样一来，我发呆的时间反而变多了。比如，把做肌肉放松运动用的小球朝着天井扔出去，然后再接住。最近一段时间，做得最多的事情就是这个了。有时候，也会一大早就跑到附近去泡温泉，可是不知为何却完全高兴不起来。也许是因为我身上完全没有需要被消除的压力和疲劳感吧。

据某项研究显示，人一天里的自由时间一旦超出 7 个小时的话，幸福感反而会有所降低。以我的切身感受来说，确实是这样的。有时间了就可以去做想做的事情——我们常常将这种“自由”当作幸福的前提条件。但是，真正身处其中时，才发现根本不会幸福。

没想到，从“不自由”的状态中逃离出来，可前面等待着的却是“自由”的痛苦。甘地曾说过：“无所事事也许会让你感到一时欣喜，但终究是一种十分痛苦的状态。要想获得幸福，就必须得做点什么。”正如其言，虽然你暂时会觉得喜悦，但过后仍然十分痛苦。我一开始所种的蔬菜都没活下来，看着这些蔬菜，就好像在看着自己。我想，不能再这样下去了。

人们常说“只想去做自己喜欢的事情”，这没有错，但是这并不等于“只想去做让自己开心的事情”。

名为“极简主义”的安全网

开始实践“极简主义”的生活方式以后，我才算是真正得到了拯救。这不仅让家里的东西减少了，同时还让我养成了整理和打扫的习惯，让内心与房间的状态实现了联动。房间里总是保持着整洁清爽的状态，就像是能安心托底、支撑着我的安全网一样。所以，减少物品真的是一种很棒的做法。

另外，戒酒也是一件好事。如果不戒酒的话，估计从白天开始我就会一直大口大口地喝，把自己弄得晕晕乎乎的。我所欠缺的其实就是每天给自己正面的反馈，就是那种能体会到自己获得了成长的感觉。实际上，我自己也是清楚这一点的。如果装病可以不去上学的话，在那一瞬间确实会很高兴，但是这种快乐会随着时间的推移逐渐消失。工作上没有干劲时，当然可以在白板上故意编造个理由提前下班，可是在回家的路上又会不断地自责。这已经不是一次两次了。

我在实践了“极简主义”之后所选择的另一个主题就是“习惯”。感觉是命中注定似的。如果不是遇到这个主题的话，我的内心可能又会回到“极简主义”之前的那种混乱的状态。

当然，我现在所养成的习惯，都是适合于单身、自由职业者这种人的，如果家里有很小的小孩的话，可能就不太适合了。但是，仅仅具备充裕的时间和精力，也是无法让人养成习惯的。相反，这些可能会成为一种障碍。我相信，为了培养自身的习惯而做出的努力，以及在这个过程中所学到的东西，无论是对于上班族，还是忙于带孩子的人来说，都是十分有益的。

为何新年所许的愿望总以失败告终

我自己的新年愿望曾经也都是以失败而告终的。比如：

· 坚持早起，过上作息规律的生活。
· 保持房间整洁。
· 不暴饮暴食，保持正常的体重。
· 定期做运动。
· 不再拖延，认真学习和工作。

睡眠、整理、饮食、运动、学习和工作等方面，我都想要养成良好的习惯，这应该和大家所想的一样吧。可问题就在于，为什么做到这些是如此困难呢？

同大多数人一样，我也会在新年伊始订立这一年的目标。然而，据 2014 年所进行的一项调查显示，人们能够达成这些新年目标的可能性仅为 8%。尽管我的“新年愿望”每年都是不变的，但永远是那无法达成的 92% 中的一个。

以前，我一直认为这是自己意志薄弱造成的。不过，当一事无成时，大家都会把“我是一个意志薄弱的人”这句话挂在嘴边吧。这种想法，等于是把世界上的人划分成了“意志坚定的人”和“意志薄弱的人”两种类型。

在这一章里，我希望大家一起来研究这个“意志力”。虽然大家一直挂在嘴边，但实际上又不太了解意志力究竟是什么，它又是如何来影响我们的。虽然内容稍显复杂，但我还是想对其进行一番详细的探讨。

我认为，我们之所以很难养成习惯，是因为“眼前的回报”与“将来的回报”之间充满矛盾。

一切都是“回报”与“惩罚”

这里所说的“回报”与“惩罚”的思维方式，是对于“习惯”来说不可回避的话题。所以，我希望能在最开始就对其进行一番梳理。

- 吃美味的食物。
- 好好睡一觉。
- 获得金钱。
- 与喜欢的人或朋友进行交流。
- 在社交网络上获得点赞。

这些都可以纳入“回报”的范畴之中，也可以简单地理解为“能让人高兴的事情”。人们所做出的一切行为，都是为了寻求得到某种回报。问题在于这本身又是一件矛盾的事情。

吃掉眼前的点心，这算是一种“回报”。但如果能忍住不吃的话，就会获得更健康的身体和更富有魅力的状态，这可以算是另一种“回报”。而如果吃太多的话，结果就会变胖或者生病，这可以说是一种“惩罚”。所以，如果只贪图“眼前的回报”，不仅会失去“将来的回报”，而且不知何时还会遭受“惩罚”。

人们都清楚地知道应该采取的行动是什么：

- 忍住不吃，就会瘦下来。
- 不要偷懒，要运动。
- 不要熬夜玩乐，要早睡早起。
- 不要玩手机、玩游戏，要认真学习和工作。

然而，这些都是说起来容易做起来难。明明知道如果能早起的话，就能安安心心地做好出门前的准备，不用去坐拥挤混乱的公交车（回报），但是我们总是战胜不了再睡 5 分钟这一“眼前的回报”，连续按下了闹钟上的“小睡”按钮。明明知道喝了这酒后会宿醉不醒（惩罚），但还是放不下手中的酒杯（回报）。明明知道如果不按时完成作业或工作的话，会让自己变得焦虑不安（惩罚），但还是放不下手中的智能手机和游戏机（回报）。

无法养成好习惯的原因，就在于我们总是屈服于“眼前的回报”。而那些为了获得“将来的回报”或避免遭受“惩罚”，而能够断然拒绝“眼前的回报”的人，就会被视作意志坚定的人。

今天的一个苹果与明天的两个苹果

“你回来啦，A 君。在出去玩之前，如果能把作业做完的话，‘一年后’我就给你吃蛋糕哟。”

刚放学回家的 A 君听到 B 君对自己说了这句话，你觉得 A 君会怎么办呢？

我想，听到这样的承诺，A 君早就飞奔到同学所待的空地去玩耍了吧。

人很难想象出将来可能会得到的某种“回报”。因此，比起“将来的回报”，我们更加倾向于选择“眼前的回报”。为了思考这个问题，行为经济学家理查德·塞勒用苹果做了一个实验。也请各位读者思考一下，自己会做出何种选择呢？

问题1

A.1 年后可以得到 1 个苹果。

B.1 年加 1 天后可以得到 2 个苹果。

面对这一问题，几乎所有人都选择了 B。既然已经等待了一年的时间，那么再多等一天也不会觉得痛苦，而且苹果的数量还增加了 1 个，所以自然会选择这一项。然而，如果将问题换一下呢？

问题2

A. 今天，可以得到 1 个苹果。

B. 明天，可以得到 2 个苹果。

这样的话，刚刚选择了 B 的人中，很多可能会改选 A。“只要愿意多等待一天，就能多得到一个苹果”这一必要的行为与回报模式，同问题 1 中的情况可以说是完全一致的，但是为什么人们的选择发生了改变呢？

也许对苹果的喜爱是因人而异的，并非所有人都会像亚当一样，被苹果所吸引。所以，我们可以改用人人都喜欢的金钱来做这项实验。

A. 周五可以获得现金，如 1000 日元。

B. 下周一（也就是 3 天后）则可以多获得 25% 现金，如 1250 日元。

一个有趣的现象是，在周五之前提出这个问题时，几乎所有人都非常一致地选择了 B。而如果周五当天提问的话，有六成人改变了主意，他们更倾向于选择“得到眼前少量的现金”。也许，当你冷静阅读本书时，同样会选择 B 吧。可是，如果在你眼前摆上 1000 日元，结果又会怎样？

　年后才能得到的苹果，让人难以想象，感觉好像与自己不相关。所以，人们才会愿意接受“再多等待一天”。“将来的回报”，隔的时间越久，越会让人没有价值概念。这不像是“回报”，而像是一种“惩罚”。如果总是磨磨蹭蹭不做暑假作业的话，到了 8 月底就会变得很焦虑。但是，7 月的时候，你是无法想象出 8 月底那个自己是多么焦虑的。

如果一直抽烟的话，将来说不定就会患上肺癌。总是只吃甜食的话，将来说不定就会患上糖尿病。可是，这些“将来的惩罚”

都会被人们低估。与之相比，人们会觉得眼前的尼古丁或糖分更有价值。

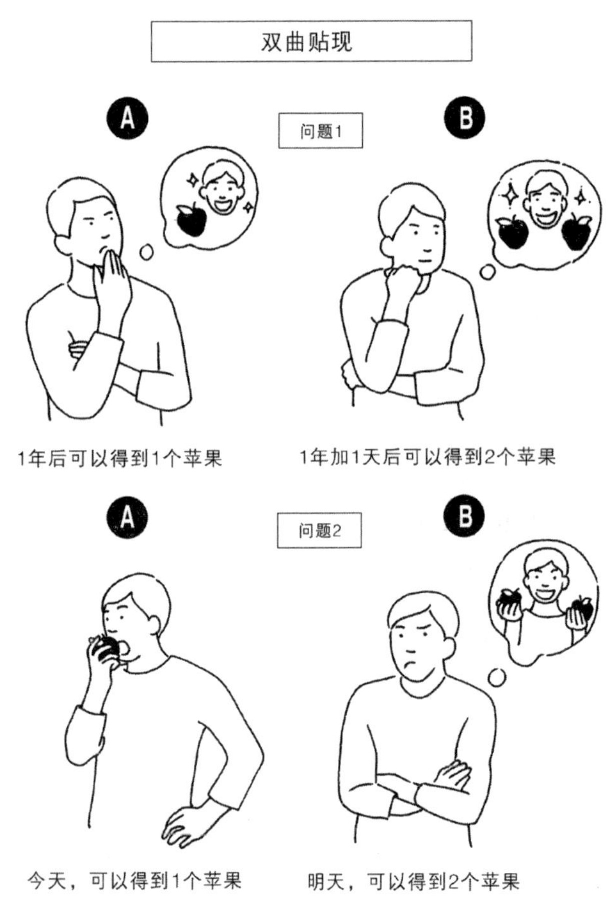

只想要得到“眼前的回报”

为何在人们的心中会对“眼前的回报”有着过高的评价，却同时低估了“将来的回报”或“惩罚”呢？人类自身的这种特性，在行为经济学中被称为“双曲贴现”。人类并不会像计算机那样做出合理的价值判断。看到放在面前的苹果，就会想要马上吃掉。而比起 3 天后的 1250 日元来，我们更想马上就拥有 1000 日元。总之，人们不愿意等待。

当“回报”变得十分遥远时，人们就不会想要今天就去做。即便能忍住不去吃眼前的美食，今天就去跑步，但明天也不可能立刻瘦 1 公斤，可能要等到一个月甚至三个月以后才能见到效果。

瘦身、运动、作息规律的生活、不再拖延学习和工作的时间，我们之所以难以养成这些良好的习惯，都跟“双曲贴现”这种思维模式有关。

为什么我们不愿意等待“将来的回报”

为什么人们会有“双曲贴现”这样奇怪的思维模式呢？这是因为远古时期狩猎采摘的原始人与生活在现代社会中的人类，在大脑结构方面并没有太大的差异。人类的文明仅经历了 5000 年的发展而已，充其量还不到人类历史的 0.2%，人类的身体和心智 99% 仍然是为了适应狩猎的生活方式，而物种的进化需要数万年的时间，所以，那些在远古时期很有效的战略行为，今天人们仍会下意识地去做。

在那个时代，要想让自己生存下去，头等大事就是获得食物。不知道下次什么时候才能找到食物，所以，发现食物后立刻就吃掉的做法其实是最有效的策略。

而在现代社会中，情况已经完全不同了。像日本这样的发达国家，很少有人会被“觅食”这件事所困扰，超市、便利店里都会销售高热量的美味食品。现如今，人们真正需要的不再是发现食物立刻吃掉，而是尽可能让自己避开这些美食的诱惑，多做运动来消耗体内多余的热量。这才是让自己不生病、更长寿的新秘诀。

在身体获得了所必要的热量之后，像猫一样睡去，是非常有效的秘诀。然而，人类毕竟不是猫，如果总是睡觉的话，整个社会就无法正常运转了。由于社会分工更加专业精细，每个人都有自己该做的工作，为了提高自己的工作能力，获得高额的收入，我们不得不忍受枯燥的学习过程，挑战高难度的资格证书考试。

在那个“说不定明天就会被食肉动物袭击而死”的时代，男性根本没有闲工夫去享受恋爱生活，抑或赞美单身生活。一旦找到了能接受自己的女性，就尽快与其结婚生子，这才是最为有效的生存策略。但是，在现代社会中，这样性急的男性肯定不会被接受。

虽然社会的游戏规则变成了“放弃眼前的回报，就能得到将来的回报”，但参与者自身的特性却并没有改变。所以，才会出现“双曲贴现”这样的奇怪现象。

为何小孩愿意为糖果而等待

不过，也有一些人可以很快适应这种新的游戏规则。这些意志坚定的人能够坚持良好的习惯，并为了达成目标而努力付出。那么，屈服于眼前回报的人与愿意等待将来回报的人之间到底有何差异呢？

针对这一问题，心理学家沃尔特·米歇尔设计了一项著名的“糖果实验”。由于糖果实验是本书要探讨的中心话题之一，所以请各位读者务必仔细阅读下面的内容。

在 20 世纪 60 年代，研究者从斯坦福大学附属幼儿园（Bing

Nursery School）中挑选了 4 岁到 5 岁的幼儿作为实验对象。首先，让孩子们从糖果、曲奇饼、咸脆饼中选出自己最想吃的那个。然后，在他们每个人面前的桌子上放一个（这里就以糖果为例）。接着，让这些孩子从下面的两个选项中选择一个：

A. 马上就把眼前的这一颗糖果吃掉。

B. 研究人员最多 20 分钟就会回来，如果在此期间谁没有吃掉这颗糖果的话，他就会得到奖励，再吃一颗糖果。

他们在糖果的边上放置了一个按铃，如果哪个小孩实在忍不住的话，就可以按响按铃，然后马上把那颗糖果吃掉。相反，在研究人员返回来前，没有吃掉糖果的人获得的糖果数将会加倍。

这项实验的重点就在于，如果不被眼前的回报所诱惑，将来就可以得到更大的回报，而这是形成良好习惯的一种十分必要的能力。

幼儿园的孩子们被糖果的香味吸引了，有的在拼命地用鼻子闻味道，有的则做出假装吃糖的样子，一边等待一边用手指蘸一点点糖果上面的糖粉来舔。而那些一直盯着糖果看的孩子，差不多都没坚持到最后。一旦想着自我安慰只吃一小口的话，就再也停不下来了。面对想吃但又不能吃的困境，孩子们把手放在额头前，显得非常苦恼的样子，这和大人们遭遇烦恼时的表现毫无二致。

在该实验开始后的 6 分钟左右，就有 2/3 的孩子等不及吃掉了面前的糖果。而剩下 1/3 的孩子则选择了继续等待，并最终获得了两颗糖果的奖励。

通过糖果实验能够预测将来吗

接下来就是这项实验有趣的地方了。通过对那些接受了糖果实验的孩子的长期跟踪调查，我们得到了一个令人吃惊的结果。那就是，在幼儿时期愿意等待的时间越长的人，在 SAT 考试（相当于日本的大学入学考试）中所获得的分数越高。能够坚持等待 15 分钟的孩子，比那些只等了 30 秒就放弃的孩子的 SAT 成绩竟高出 210 分。

愿意为了获得糖果而等待的孩子，他们与伙伴、老师都能愉快地相处，长大后都能从事较高收入的职业。即便人到中年，也不会那么容易变胖，BMI 指数比较低，滥用药物的可能性也更小。一项在孩子 4 岁到 5 岁时所进行的实验，竟然可以让我们大致预想出这个孩子今后的人生状况，这真是太惊人了！

在新西兰，人们曾对 1000 个人从出生到 32 岁的成长过程进行了跟踪调查。结果也是一样，那些自控能力较强的孩子，成年后变胖的概率很低，很少有人会染上性病，牙齿等各方面也都保持着健康的状态。

从糖果实验中产生的疑问

看到了这样的实验结果，我们首先冒出的可能就是放弃的念头吧——“这种经受得住眼前诱惑，从而获得将来回报的能力应该是天生的吧。好吧，我总算找到了老是养不成良好习惯的原因了，真是劳您费心了。”然而，我觉得面对这一实验结果，更多的人还是会有各种各样的疑问。像我自己内心就产生了以下两个疑问：

1. 人们认为那些能一直等到最后的孩子，是靠意志力来抵抗眼前糖果的诱惑的。那么，如果这种所谓的“意志力”真的存在的话，又是如何发挥作用的呢？

大家一直挂在嘴边的话，就是自己意志薄弱，导致无法养成良好的习惯。而通过对意志力的了解，我们就应该能够深化对习惯的了解。

2. 这种意志力是在 4 岁到 5 岁时就已经形成了吗？后天完全无法获得吗？

意志力会越用越少吗

首先，让我们一起来思考第一个疑问吧。孩子们为拒绝眼前诱惑所使用的意志力，其究竟是如何发挥作用的呢？

在思考意志力这一问题上,最有名的一个实验是“萝卜实验”。心理学家鲍迈斯特用巧克力曲奇饼和萝卜设计出了这项实验。他让空腹的大学生们坐到一张桌子前，桌子上摆放着巧克力曲奇饼和装有萝卜的碗。房间中充斥着刚出炉的巧克力曲奇饼的香味。

学生们被分成了三组：

A 组：允许吃巧克力曲奇饼

B 组：只能吃萝卜

C 组：保持空腹，什么都不允许吃

B 组最可怜的地方就在于，他们被告知巧克力曲奇饼是下一个实验要用的，所以只能吃萝卜。虽然没有人吃巧克力曲奇饼，却能闻到巧克力曲奇饼的香味，偶尔掉落到地板上的巧克力曲奇饼，也会对他们产生极大的诱惑。

接下来，这些学生各自进入不同的房间，遵照要求进行图形解谜的游戏。而这个谜题故意被设计得非常难，根本就无解。因为这项测验并非要检验学生们解开谜题的速度，而是观察他们要用多长时间才会放弃这一难题。

吃了巧克力曲奇饼的 A 组学生和什么也没吃的 C 组学生在解题上平均花了 20 分钟，而忍着不能吃巧克力曲奇饼的 B 组学生平均只花了 8 分钟，就宣告放弃了。

这项实验的结果在很长一段时间里都被这样解读：只能吃萝卜的那一组学生，面对想吃但又不能吃的巧克力曲奇饼，不得不克制自己，而这一行为已经耗费了他们相当多的意志力。因此，在接下来的解谜题过程中，意志力不足，导致半途而废。简要来说，人们认为意志力是一种有限的资源，并且会越用越少。

说到意志力是有限的，这让人很容易想到一种具有上限值的精神力能量。例如，在 RPG 游戏[①] 中，要想施展出魔法技能，就要耗费相应的 MP 值（Magic Point）。如果你不熟悉 RPG 游戏的话，也可以简单地想象一下汽车的油箱——随着行驶里程的增加，油箱里的油量就会逐渐减少。

这在我们的日常行为中也有所体现。例如，如果要一直加班的话，在下班回家的路上就会顺道去趟便利店，买很多点心，或者会喝很多酒。这种时候，你会变得易怒，会因为他人的一点点

① Role-Playing Game，角色扮演类游戏，是电脑游戏的一种类型。在游戏中，玩家负责扮演某个角色，并在一个写实或虚构世界中活动。

举动而生气。

据某项实验结果显示，在考试期间承受压力的学生们并不会选择去做运动，而是会增加对香烟和垃圾食品的消费量，且懒于刷牙或刮胡子，睡懒觉和冲动消费的现象也会有所增加。

这应该是所有人都经历过的事情吧。至少我就做过类似的事情。这样看来，意志力确实是会减少的。谁都无法长时间地去做复杂的计算或者想创意等困难的工作。身体的能量的确会在某个时刻用尽，所以我们必须休息或睡觉。

意志力可以抵住诱惑吗

有的人认为,所谓的“意志力”,不就是关于血糖值的问题吗?我们完全可以通过对比实验来确认这一点。准备砂糖调制出的“真正的柠檬水”和人工甜味剂制成的“仿制柠檬水”来做实验，喝了“仿制柠檬水”的一组人，其血糖值并没有升高，之后让他们进行有关意志力的测验。结果发现，他们因为太过饥饿而失去了做事的干劲儿。

那么，能否就此说意志力是一种越用越少的能量呢？或者说，可以将其等同于血糖值的问题来进行研究吗？我的观点是不可以，因为还有很多内容是无法靠这样的实验解释清楚的。

我的日记中多次出现过“吃完拉面→又吃了薯片→最后还吃了点用来填牙缝的冰激凌”这样的内容。既然已经吃了拉面，那么之后无论是吃薯片还是吃冰激凌，其实都是毫无区别的，因为这都属于暴饮暴食。

因为没有抵抗住拉面和薯片的诱惑，所以在理论上也没有消耗意志力。而且，吃完拉面和薯片后自己的血糖值应该恢复到正常的水平了。那么，为什么我的意志力最后却依然没能让我抵抗住冰激凌的诱惑?

在健身房做完运动后回家，我感到肚子很饿，这应该是意志力被消耗了所导致的吧。但是，即便我在这个时候走进超市，也还是不想购买那种垃圾食品。相反，我在内心很烦躁，不太想去健身房锻炼的时候才会想吃垃圾食品，也是在这种情况下，我的意志力就抵抗不住诱惑了。

没有做的事情才会消耗你的意志力

如果认为意志力是一种会越用越少的能量，那最有效的方法应该就是尽可能地“保存实力”。就好像《灌篮高手》里的流川君那样，为了保存实力，放弃了上半场的比赛，而把精力集中在下半场的比赛上。

如果这样说的话，我们最有效的使用意志力的方式，就是每天早上美美地睡个懒觉，或者总是卡着时间点去参加会议。看见做事磨磨蹭蹭的同事，有人会在心里想，难道那家伙只是为了逃避上午的工作吗？实际上，那些上午做事磨磨蹭蹭的人，到了下午也一样会磨磨蹭蹭的。

就拿我自己来说，如果早晨不能勤快地起床的话，之后的工作也好，运动也罢，也会做不好。该去做的事情如果没有做的话，就会感觉非常后悔，同时也会影响到接下来要做的事情。总之，并非我们做了什么而导致意志力减少了，而恰恰是那些没有做的事情消耗了我们的意志力。

意志力会受到情绪的左右

我把这种因为没有做某事而产生的东西理解为一种“情绪”。暴饮暴食会让身体的血糖值提升，却也催生了“后悔”这样的负面情绪。你原本定下来要养成的习惯，最终却没有养成，因此会产生自我否定的感觉。

如果以“情绪”为关键词来进行思考的话，很多谜题都会被解开。在马拉松比赛中，选手有时会与沿途观赛的人群互相击掌。即便是在后半段赛程中膝盖疼痛，感觉自己已经到达了极限，但如果能坚强地与前来给自己加油的孩子击掌的话，内心就会想要继续坚持下去。这就是意志力得到了恢复。

先前所列举的柠檬水实验中，也有类似这样的情形。例如，并非将真正的柠檬水喝下去，而是在口中含一会儿后立刻吐出来，这时候会感觉到意志力得到了恢复。仅仅在口中含一会儿柠檬水与互相击掌的行为具有相同的性质。其实，这并不会给你的身体补充能量或者糖分，只会给你带来一点点的自我奖励感，使你产生愉悦的情绪。

不安感会减少意志力

口含柠檬水或者互相击掌的行为所催生出的愉悦情绪，会使意志力得到恢复。反之，像自我否定、不安等负面的情绪则会消耗掉你的意志力。

自己原本定下来的应该养成的习惯，结果却并没有做到时，就会产生自我否定感和不安感。同时，由于意志力的丧失，你对接下来的问题束手无策，这样便落入了一个恶性循环中。

有一项使用血清胺所做的实验，正好能对此说法进行印证。血清胺主要用于维持交感神经与副交感神经之间的平衡，具有保持内心安定状态的作用。如果它不能正常发挥作用的话，人就会感到不安。实际上，研究表明，在抑郁症患者的大脑内部，这种血清胺就是呈非活性状态的。

这项实验就是通过人工干预，暂时增加或减少人脑内血清胺的数量。研究者发现，当血清胺减少时，人们更倾向于选择“眼前的回报”；而当血清胺增多时，人们更愿意等待“将来的回报”。血清胺较少的状态 = 产生不安感，这会导致意志力有所丧失，并阻碍我们养成良好的习惯。

消耗掉的并非意志力，而是情绪

如果我们从情绪方面来看之前的“萝卜实验”，又会有新的发现。眼前摆放着冒着香气的巧克力曲奇饼，却被告知“你不允许吃那个”，听到这样的话语，你会不会产生自己不被尊重的感觉，从而催生出悲伤的情绪？所以说，“萝卜实验”中丧失的并非意志力，而是情绪。

当你工作繁忙时，去便利店随便买些吃的，就能简单地解决一顿饭。因为省去了烦琐的料理过程，所以会让你保存自己的意志力。但是，你可能会产生一种莫名的伤感情绪，这并不是食物的味道出了什么问题，而是你觉得这是对自己的一种打发。女性热心于做美甲或美容，虽然这是一种非常需要意志力的烦琐过程，但可以视作对自我的一种关爱，从而增加了自我肯定感。

同样地，我也一直在提醒自己越是繁忙的时候，越是要把房间收拾干净。因为要忙工作，很多人会想着现在哪有空闲时间去整理，所以就会任由房间乱七八糟的。但是实际上当你整理完房间以后，会觉得在应对繁忙的工作时，自己也变得井井有条了。因为整理房间这件事让你的心情变得更好，从而增加了你的意志力。

拥有愉快的心情，糖果就在前方等着你

在接受糖果实验时，受测者的情绪状况会使结果产生变化。那些被指示边想些快乐的事情边等待的孩子，等待的时间是所有人平均时长的 3 倍；而那些被指示边想些悲伤的事情边等待的孩

子，则不愿意等待太长时间。

心理学家爱德华·哈特做过这样一个实验，他将受测者分成两组，让他们在开始工作前先观看电影。

A 组看的是欢乐的电影。

B 组看的是悲伤的电影。

结果显示，A 组的工作效率要比 B 组高 20%。所以说，皮克斯电影公司的大楼里设有滑梯，谷歌的办公室中摆满了各种颜色鲜艳的玩具，这些像是面向成年人的保育园设施，并非只是用来做做样子的。

热系统与冷系统

某些没有做的事情会让人产生不安感与负面情绪，面对后续出现的问题时也失去了干劲。为何我们会陷入如此“无情”的恶性循环中呢？要想弄清楚这个问题，我们必须试着对人的大脑进行一番剖析。我们大脑中的古老原始的部分，会被不断进化出来的新部分依次包裹起来，就像是洋葱的构造一样。而且，很多的研究者都认为人的大脑中存在着两种不同的系统。

①本能的系统。会如条件反射般做出快速反应。这是一种靠

情绪、直觉来判断的系统。属于大脑的“原始”部分，如大脑的边缘位置、纹状体以及小脑扁桃体等部位。

②理性的系统。反应速度相对迟缓，不会在下意识状态下发挥作用。这是一种进行思考、想象和制订计划的系统。属于“新大脑”的部分，如脑前额叶等部位。

大脑中的两种信息系统

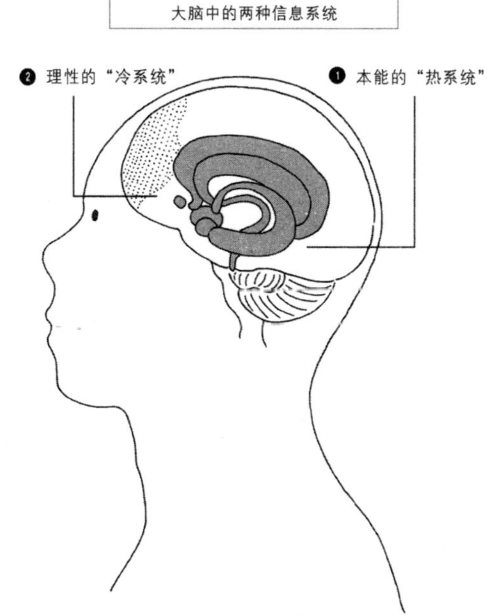

这两种系统有着各种不同的叫法，在本书中，则主要采用了糖果实验的设计者沃尔特·米歇尔的命名方式：

第一种被称为“热系统”。

第二种被称为“冷系统”。

虽然内容上稍显复杂，但通过这种形象的命名方式能让我们更加容易理解。

第一种系统主要受到情绪与欲望的支配，所以给人亢奋热情的印象（太棒啦，是糖果哎，赶紧吃掉它）。

第二种之所以被称为“冷系统”，主要是因为它给人冷静分析应对的印象（如果不吃这颗糖的话，之后应该还会得到更大的奖励……）。

当热系统与冷系统中的一方处于活跃的状态时，另一方的活跃度就会被弱化，二者之间总是不断互补。

因压力而暴走的热系统

当我们感到不安或者产生负面情绪时，本能地就会使大脑内的热系统变得更加活跃。就像之前所说的那样，我们的身体结构与很久以前的人类毫无二致。在远古时代，人们的压力主要源自不知能否找到食物的不安感。所以，那时的人们觉得有压力时，会选择将眼前的食物全都吃掉，抑或是偷个懒休息休息。

而在现代社会中，我们的压力往往来自工作，不会再有无法找到食物这样的危机状况。只是，我们为应对压力所采取的策略，却和远古时代的人一模一样。

慢慢地，这变成了一种本能的反应。摄取更多的热量，或者逃避自己所厌恶的事情，也都变成了合理的做法。暴饮暴食的结果就是在面对下一个即将出现的问题时，自己只能束手无策。

通过冷系统让自己冷却下来

冷系统则具有抑制热系统变成暴走状态的作用。

举个例子，下雨天走在路上，快速驶过的汽车溅了你一身的脏水。无论是谁遇到这事儿，都会怒从心头起，肯定还会大声地怒斥对方。这些都是热系统带来的反应。但是，属于冷系统的认知意识则会帮助我们抑制内心的怒火。所谓“认知”，就是指我们并非只看到客观的现实，还会从一些不一样的角度进行分析的能力。

“也许是有个孕妇快临产了，司机着急想把她送到医院去呢。”

如果像这样去想那辆无礼的汽车，我们的怒气就会消失了吧。在沃尔特·米歇尔看来，这就是冷系统对热系统产生了“冷却”

作用。所谓的冷系统与热系统之间的互补作用，就是这个意思。

意志力是天生的才能吗

糖果实验中最让我关心的还是第二个疑问。通过实验的结果甚至能够预测出这些人今后的成绩和健康状态。意思是说意志力在 4 岁到 5 岁时就已经被决定了吗?

据沃尔特·米歇尔说，那些在糖果实验中能够等待 15 分钟并最终得到两颗糖果的孩子，在之后的几十年里几乎都有着强大的意志力。然而，这里用的是“几乎”一词。也就是说，在这方面也有进步比较差的人。相反，在那些马上就把糖果吃掉的孩子中，也有随着自身的成长逐渐学会自控的人。所以，这也让我们看到了希望。

环境的变化同样会使意志力发生改变

首先，希望大家了解的一点是，当糖果实验的条件发生变化时，其结果也会明显不同。

如果不是放上真正的糖果，而是用投影机放映糖果的影像。此时，孩子们愿意等待的时间就会加倍。

如果将糖果藏到卫生间里去的话，那些原本不愿等待的孩子也会改变想法，其愿意等待的时间也会变成原先的10倍那么久。

仅仅是将眼前的真糖果拿走了，我们就可让孩子们变得愿意等待更长的时间。而原先的实验中愿意等待的孩子们，则会在等待的过程中选择唱歌、做鬼脸、弹钢琴或者闭眼睡觉，因为即便眼前摆放着糖果，他们也知道如何转移自己的注意力。反之，那些一直盯着糖果的孩子，大多都会以失败而告终。

等待时间长短与受到诱惑的次数有关吗

那么，我们是否能得出这样的结论：那些在糖果实验中不愿意等待的孩子，并非因其自身的意志力薄弱，而是被糖果所诱惑的次数太多？

那些眼睛一直盯着糖果的孩子，在等待的过程中会反复想象糖果的甜美味道，饱受诱惑，最后决定立刻将糖果吃掉。

实际上，那些被指示一边想着糖果一边等待的孩子，其愿意等待的时间都特别短。

多巴胺干的坏事

一直盯着糖果看，最终就会失败。从某种意义上，这是由于神经传导物质多巴胺在背后捣鬼。

说到多巴胺，人们一般认为它是在我们有快感时释放出的一种神经传导物质。当我们享用美食、获得金钱或者与喜欢的对象进行性行为时，体内都会释放出多巴胺。因此，为了追求这种快感，人们才会做出一些行为。实际上，多巴胺的作用是比较复杂的。

神经学家沃尔弗拉姆·舒尔茨曾经设计了一项给猴子以不同回报奖励的实验。当人们在猴子的舌头上滴上一滴果汁后，其脑内多巴胺相对集中的纹状体会立刻启动。

但是，如果在滴果汁之前先用电灯泡给猴子释放信号，那么其脑内的多巴胺就会对电灯泡的光亮做出反应。所以，多巴胺的释放并非取决于行为本身，而是与其先兆有关。

在这方面，人类也是一样的。我们可以想到很多这样的例子。

当我们在使用 LINE① 或 SNS② 时，让我们感到兴奋的其实并不是确认消息的内容，而是冒出的那个提示消息的红色小点。

---

① 日本互联网市场中的一款即时通信软件。

② Social Networking Services，指社交网络服务，包括社交软件和社交网站。

我们之所以想喝啤酒，其实并不是被啤酒本身所诱惑，而是被拉开易拉罐时发出的扑哧声以及将啤酒倒进玻璃杯时的咕咚咕咚声吸引了。

关于多巴胺还有这样一项实验：给小白鼠吃下一种能阻断多巴胺释放的药物，你会发现，无论面对多么美味的食物，小白鼠也不会去吃，最终活活饿死自己。

就像这样，多巴胺能让我们产生想要的欲望，从而转换成实施具体行为的动机。首先是因为想要，然后才会做出行为。而如果事先多巴胺没有发挥作用的话，就不会产生想要的念头，自然也就不会有所行动。

认知是可以通过后天学习而掌握的技能

对眼前的糖果毫无抵抗力，立刻就将其吃掉的孩子们，在此之前肯定也是吃过糖果的。因此，他们仅仅是看到眼前所摆放的糖果，大脑中就会重现出吃糖时的那种感觉——用牙齿咬糖果时的口感，嘴巴里扩散的甜味，等等。由于多巴胺的作用，让他们产生了想吃的欲望，从而驱使他们采取了行动。多次受到这样的诱惑，到最后就会变得难以抵抗了。

把糖果想象成一朵“云”，就能让愿意等待的时间加倍。

所以，要想忍住不吃糖果，就必须抵挡其带来的诱惑。属于大脑中冷系统的认知意识将会助我们一臂之力，因为它可以告诉我们该如何理解眼前的现实。

当研究者建议孩子们将糖果想象成一朵圆圆的、蓬松的云后，他们愿意等待的时间变成了之前的 2 倍。

孩子们被建议将糖果想象成假的以后，他们愿意等待的时间平均达到了 18 分钟。

仅仅是告诉他们将眼前所摆放的糖果想象成一朵云，或是建议想象成假的东西，孩子们所等待的时长就发生了变化。这是因为多巴胺所带来的行为动机本身被弱化了，而原本受到诱惑的次数也大大减少了。

在原先的实验中，那些愿意等待的孩子并未受过外界的任何暗示或建议，可以说他们本身就能很好地将注意力从糖果上移开。也许，他们大脑中冷系统的认知能力天生就是优于他人的吧。

但是，就像你所看到的那样，这种认知的能力也可以通过一些技巧来加以提升。所以说，这也是一种可经后天学习而掌握的技能。

冷系统也会撒谎

我们之所以能将糖果想象成假的，或者想象成一朵云，都拜认知这一脑部（冷系统）高级的作用所赐。我们能够进行强化训练的，并非意志力这种模糊的东西，而是这种认知的能力。

但是，由于冷系统主要负责推论、计算以及制订计划等，所以也有一些孩子会运用冷系统的这种作用来做一些狡猾的事情。

有的孩子会把果汁软糖的馅儿吃掉，只留下表面的部分，伪装成一口未动的假象；还有的孩子会把曲奇饼干掰开，舔掉里面的奶油，然后再恢复成“原样”。他们都是利用冷系统，计划性地得到了“眼前的回报”。

明明想要减轻体重，可是在制订减肥计划时却想着之后可能肚子又会饿，还是先吃一点吧，或者是编造一个理由——今天是个值得庆贺的日子，然后让自己暴饮暴食，又或者是对自己无限宽容——前天和昨天都忍住没吃，今天要好好褒奖下自己。这些也都是大脑中的冷系统在起作用。

像电影《十一罗汉》中那样，制订缜密的犯罪计划，靠的也是大脑中的冷系统。

意志力会受到情绪的左右，所以并不可靠。可是冷系统又有可能被我们肆意乱用。真是让人感到走投无路。那么，我们到底该怎么做呢？

意志力强大的人=原本就不会被诱惑

在德国进行的一项实验可供我们参考。这项实验所研究的是人在一天中究竟会受到多少欲望的诱惑。研究者在超过 200 名受测者的口袋里放了一个响铃，这个响铃在一天中会 7 次随机响起。研究者让受测者报告他们在铃响的瞬间或在那之前有何种欲望。统计结果显示，人在一天中会有 4 个小时与各种不同的欲望抗争——虽然想再多睡会儿，但又不得不赶紧起床，想出去玩但又必须忙工作，想吃美食但又不得不忌口，等等。人一天中的大部分时间都在面对着类似“要把眼前的糖果吃掉”的诱惑。

而通过这一实验我们也发现，那些被认为意志力强大的人，他们用来抵抗诱惑的时间比较少。倒不是他们拥有强大的意志力，而是因为他们原本受到诱惑的时间就很短，次数也很少。

感到烦恼=意识被唤醒

当口袋中的铃响时，需要报告自己内心正在纠结的事儿。也就是说，需要以清醒的意识来说出自己到底在为何种问题而烦恼。

我在跑马拉松时，若是一切顺利，就会让自己毫无意识地去跑。马拉松选手藤原新等人也说过“我是睡了 30 公里呢”，可能那时他们正处于一种冥想的状态吧。

但是，当膝盖感觉到疼痛时就做不到这一点了。

“还剩几公里？还有 10 公里吗……”“打算放弃比赛了

吗？”“还有多少公里？啊，刚刚只跑了 500 米而已啊”，等等，很多时候内心的意识就会被唤醒。感受到了痛苦以后，会让身体对时间的感知变长。这是我们对时间投以意识的次数变多了造成的。

我是在图书馆里撰写本书的，在思路顺畅的时候就会闷头写作，忘记时间，也就是进入了所谓“心流”的状态。

可是，当逻辑不通、思路走进死胡同的时候，也会想要停止写作。我会用 APP 记录这种情况发生的次数，差不多在达到 10 次后，我便不会再让自己坚持下去，而是离开图书馆。

意志决定论就像抛硬币一样不合理

“意志决定人的行为”这一说法有很多非常不合理之处。例如，在抛硬币时，你会选择赌哪一面呢？

也许，选择正面还是反面这本身是很快就能做出决定的。但如果我问你为何会选择这一面呢，你就无法马上明确地回答上来了。的的确确是自己做出的决定，却又说不出理由。当你迷路的时候也是一样，并没有什么特别的理由，就是要从左边和右边两条路中选择一条路。

面对吃不吃糖果这样的问题，不也是同样的道理吗？沃尔特·米歇尔曾这样描述过那些忍不住吃掉糖果的孩子的样子：“我在进行糖果实验时，好几次看到，有的孩子会突然伸出手来，毫不犹豫地将铃按响，然后脸上会浮现出苦恼的表情，低下头去。他们会一直呆呆地盯着自己的手，好像在责怪自己都干了些什么。”

当时的那种举动，确实是自己选择做出的行为，但是看起来，有一半又不像是自己选择做出的。

习惯=几乎不假思索就做出的行为

当孩子们受到糖果的诱惑时，就像面对抛硬币的情形一样。抛出的硬币，其正面写着“不吃糖果，继续等待”，而反面则写着“把糖果吃掉”。运气好的话，抛好几次都是让你一直等待。但是，随着抛硬币的次数越来越多，总会做出自己所不希望的行为。

由此可见，不愿意等待并不是因为意志力薄弱，只是抛硬币的次数多了而已。这样的话，我们的对策就可以是不抛硬币——不要唤醒我们的意识。

当所谓的意识被唤醒的时候，令你烦恼的问题也就摆在面前了。

应该没有人会为选择 100 日元还是 1000 日元这件事而烦恼吧，因为无须运用意识就能立即做出决定选钱数多的那个。而真正令人烦恼的是，当眼前出现两个都具有价值的选项时，我们会去思考到底哪一个更具价值。比如，是选择今天立即得到 1 个苹果，还是等到明天得到 2 个苹果？这种时候，意识被唤醒，你会感到烦恼。

若意识不用被唤醒，几乎不假思索就能做出的行为就是我所说的习惯，那么，我们在感到烦恼时被唤醒的意识到底又是何物呢？

如何才能不动用意识就做出行为呢？如何才能培养出习惯？我们将在接下来的两个章节中进行详细的论述。

本章总结

● 人往往更倾向于“眼前的回报”，并低估“将来的回报”或“惩罚”，这种特性被称为“双曲贴现”。因此，要想养成良好的习惯是一件很难的事。

● 在糖果实验中，那些没有吃掉面前的糖果，愿意等待 20 分钟，并最终得到两颗糖果的孩子，在成年以后，从学习成绩到人际关系等各个方面，都表现出较高的能力水平。

● 意志力并非简单地会越用越少。

● 意志力会受到情绪的左右，不安感和自我否定会让你丧失意志力。即便在做一些需要意志力的行为时，只要能产生自我肯定感，那么意志力就不会减少。

● 人的大脑中存在偏理性的冷系统和偏感性的热系统，二者之间有互补的作用。

● 利用冷系统中的认知能力，可以将糖果想象成云朵。换个角度来看待眼前的事物，就可以抑制热系统带来的影响。

● 因为我们不可能没有情绪，所以意志力总是不可靠的。而冷系统也会有计划性地撒谎，或是编造出适合自己的理由。

- 那些被认为意志力强大的人，其原本就没有产生过被诱惑的意识。
- 当意识被唤醒的时候，令你烦恼的问题也就摆在面前了，你需要思考到底哪一个的回报更大。
- 所谓“习惯”，就是指几乎不假思索就做出的行为。要想养成习惯，我们必须减少意识本身出现的次数。

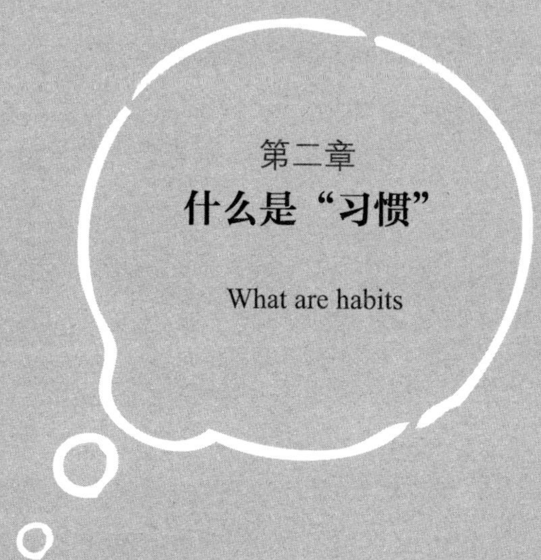

第二章
什么是“习惯”

What are habits

习惯是不假思索就做出的行为

那种一直被优柔寡断所困扰、无法将任何事情都习惯化的人才是最悲惨的。因为对于他们来说，就连点一支烟、喝一杯茶、决定每天入睡和起床的时间，甚至开始着手做某项工作，都离不开一个明确的意志。这种人会将大半的时间耗费在做决定或后悔上。

——威廉·詹姆斯

在第一章的最后我说过，所谓的“习惯”就是不假思索就能做出的行为。我认为，当某件事情变成了习惯的状态后，基本上便几乎不再需要动用我们的意识了，即无限接近于下意识（潜意识）状态下所做出的行为。在这种状态下，不会再因为是否应该去做这件事而感到烦恼，同样也不用再面对该采取何种方法的选择。因为，所谓的“烦恼、选择”都是与意识有关的问题。

据美国杜克大学的研究显示，我们所做出的行为中，有 45% 并非真正的临场反应，而是习惯所致。我想看到这样的结果，大家肯定会立刻提出疑问吧——我们午饭是选择吃咖喱饭还是拉面，休息日应该去看哪部电影，等等，所有这些决定难道不都是基于自己的意识和思考做出的吗？如果说习惯是不假思索就做出的行为的话，这里的 45% 比例是否太过了呢？

不过，确实有的人会因为选择去哪家店吃午饭而烦恼，但这些人走进居酒屋后，通常也都会说先来瓶啤酒，而不是在那儿认真地思考该喝什么。

起床后的习惯

让我们一起来看看人们早晨起床后所做的事情吧。首先是从床上坐起来，然后去上厕所，洗个澡，接着吃早饭，再接着换衣服，系好鞋带出门。

所有的事情都像是事先决定好的，起床后的所有行为，像不像在进行一场仪式呢？

一般来说，刷牙的时候要挤出多少牙膏，从哪边的牙齿开始刷，等等，都是无须我们去思考的。系鞋带时也不用去想“今天该怎样系鞋带啊”这样的问题。我们没有用到意识就做完了这些事情。所以，应该没有人会觉得这种“早晨的仪式”是很困难的，是需要付出努力才能完成的。对于几乎所有的成年人来说，这些都可以说是一种习惯了。

但是，对于年幼的孩子来说，早晨起床后的一连串活动都是需要努力才能完成的。他们无法独自去上厕所，就连刷牙、系纽扣、系鞋带这些事情也会遇到障碍，要想完成这些事情，需要极大的忍耐力。他们在准备好出门前就已经用尽了自己的意志力，也许他们会因此而生气，干脆不想起床了。然而，随着一天又一天地重复，他们自然就会越来越熟练。成年人肯定会觉得难以理解——明明都是下意识就能做出的行为，小孩为什么会觉得这么难呢？

智能手机上的滑动输入法

即使是在成年以后，也还是有很多东西需要学习。我在考取驾照 18 年后，才真正开上了汽车。最开始时，仅仅是一个起步环节，我都要一步步边回忆边操作——系好安全带、踩下刹车踏板、转动钥匙、松开手刹、将变速箱从 P 挡调到 D 挡……而现在，即使我驾驶的是更加复杂的手动挡汽车，也能不假思索地开动汽车，操作自如。可是，要想说清楚这些具体的操作步骤，也是很难的。

在还没有习惯驾驶汽车的阶段，我们必须集中自己的意识去开车。因此，当看到有些人能边开车边听音乐时，简直就像看到了大神一样。而现在的我，也能做到一边下意识地驾驶汽车，一边有意识地去学习英语听力教材。

也许你还不会开车，不过如果你会骑自行车的话，应该也能明白我所说的这种感觉吧——很难向别人说清楚如何踩脚踏板等这些步骤，以及保持身体平衡的诀窍等。习惯于在智能手机上使用滑动输入法的人，能在不动手指的前提下，仅在头脑中回想起该如何快速输入文字吗？

做菜、驾驶汽车的梦游症患者

我还记得自己很小的时候，因为害怕打碎鸡蛋，而像对待贵重的物品一样，特别紧张地将其轻拿轻放。人生中第一次煎鸡蛋时，要运用自己相当多的意识才能完成——该放多少油、该用多大的火候等。可是现在，我再也不用到菜谱上去找煎鸡蛋的制作方法了，几乎就是双手在自动进行操作。

我的母亲会做各种各样的菜。哪怕是正吃着饭呢，如果邻居送来了什么食材，她也会很快用这些食材给我们做出好吃的菜来。她从不去网站上找什么菜谱，也不用计算调味料的量。据母亲说，只要一看到食材，头脑中就能立刻浮现该怎么做。而且，母亲也说自己在做菜时从未觉得很麻烦。其实，我们之所以会觉得很麻烦，是因为我们要思考一系列的操作步骤，这恰恰证明了我们在运用自己的意识。而我的母亲几乎不用思考就能做出菜来，所以她才会觉得不麻烦。

梦游症患者在进入深度睡眠阶段后，会在无意识的状态下起身去做菜或者开车。而且，事后也不会记得自己有过这些行为。这是因为此时他的大脑中负责监视运动的部分正处于休眠状态，而承担复杂行为的部分却处于活跃状态。简单来说，就是即便没有意识，人也能做出复杂的行为。

小小的蚂蚁虽然没有意识，但会拼命地去挖洞、运土。蚂蚁不需要看专业的经管类书籍，因为它们无须调动自己的干劲，就能一直工作下去。

意识是像报纸一样的东西

即便没有意识，我们也能做出复杂的行为。另外，我们平时所思考的“自己”,则属于意识的范畴。我们会思考今天想吃什么，会认为眼前的景色很美丽，也会在被他人批评以后闷闷不乐。那么，人的意识究竟为何物呢？

神经学家大卫·伊格尔曼[①]在他的《你所不知道的大脑——“意识”只是个旁观者》一书中，将人的意识类比成像报纸一样的东西。

比如，某个国家每天都在发生的各种事情：工厂在运转、企业在制造商品、警察在追踪罪犯、医生在做手术、恋人们在约会、电流顺着电线流动、下水道在运送着排泄物……但是，人们不能也不想了解这个国家中发生的所有事情。所以，只能将最重要的事情总结出来，为此才诞生了报纸。

人们希望在报纸上看到的，并不是昨天全国的牛总计吃了多重的草料，或者是卖出了几千头牛，而只是想在疯牛病急增的时候，获得及时警告。我们并不想知道昨天有多少吨垃圾被丢弃，而只是想了解自己家附近是否又新建了垃圾处理站。

人的意识也是一样的。它并非要逐一掌握身体里 60 兆个细胞中发生的所有情况，或是几千亿个神经元中电信号的传导情况。大脑每秒要处理近 4 亿字节的信息，但其中需要运用意识来处理的信息只有 2000 字节而已。在下意识（潜意识）的舞台上，大脑的神经回路就如报社记者一般，在不断地收集庞大的信息，然后，就像报纸所做的那样，只将内容的摘要配送给意识。

---

① David Eagleman，斯坦福大学精神病学和行为科学系兼职教授、古根海姆研究员、世界经济论坛理事会成员、畅销书作者。

今天早晨先穿哪只脚的鞋子

当我们没有遇到任何问题，一直重复着平日里的行为时，自己的意识是不会被唤醒的。这就好比没有出事，报纸也就没什么好写的一样。纠正盘腿、驼背等坏习惯之所以很难，就是因为这些行为都是在下意识的状态下做出的。

很少有人会准确地记得今天早晨出门的时候自己先穿的是哪只脚的鞋子。原因就在于这样的事并不需要特意动用意识来做决定，基本上都是按往常固定的顺序进行的。

人的意识是像“报纸”一样的东西

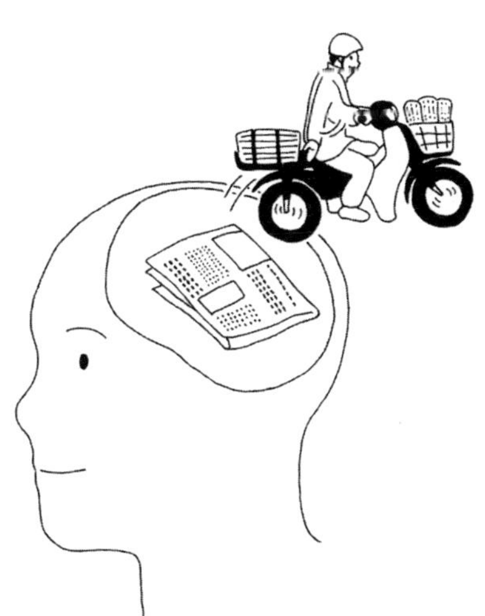

脑科学家池谷裕二[①]举过一个有趣的例子——“因为我们总是能看见鼻子，所以就不会特别在意它”。确实，鼻子总是一直出现在我们的视野中，所以只要你想看的话就能够看到。但是，它却并不属于那种肯定能登上报纸的新鲜事物。

当意识被唤醒的时候

在什么状况下，人的意识会被唤醒呢？我们以走路为例。人类全身上下共有 200 多根骨头、100 多处关节以及 400 多块肌肉，而人在步行时需要调动各个部位。让机器人学会走路的难点就在于，必须将全身各个部位的力道、角度以及脚底所反馈的路面状况等信息全部写到处理程序里，这样才能教会它行走。

而人在步行时，却并不会用到太多的意识，我们可以很悠闲地散步。只有踩到了某种柔软的东西时，才会唤醒我们的意识。这时，我们会惊呼：

“咦？刚踩到什么了吗？糟糕！”

① 脑科学家、药学博士。东京大学研究生院药学系研究科副教授。

肚子疼痛时的“报纸”

我想谁都有过上课时肚子突然疼起来的经历。平时上课时会心不在焉，不是睡觉就是乱写乱画，但是肚子疼起来的话，情况就一下子发生了变化。此时，大脑中“报纸”的标题就会变成下面这些内容传递给我们的意识：

肚子感觉怪怪的，有腹痛的可能性。

的确是腹痛。是昨天吃得太多了吗？

离下课还有 30 分钟，该怎么解决腹痛的问题呢？

腹痛稍微有所缓解，暂时没啥大碍。

传递过来的“报纸”数量很多，就意味着我们的意识被频繁地唤醒。因此，我们很难在课堂上集中精神听讲，会感觉时间过得非常慢。因为出了事，才能成为报纸的新闻标题，同样的道理，正因为出现了不同于往日的情况，我们的意识才会被唤醒。

人有自由意志吗

即便他们对自己的行为有所意识，却对决定该行为的原因毫无意识。

——斯宾诺莎

意识的确就像是一个会思考事物并且决定采取行动的指挥官。但是，并不是所有的行动都源自指挥官的指示，有一些行动是由“市井百姓”自发做出的。

当我们一直干活而感到疲惫时，并不会特意想着“好吧，要把蜷着的手掌心向上举起，伸个懒腰”，而是很自然地就做出了这一动作。所以，决定要伸个懒腰的并不是指挥官。

关于这种对人的意识（指挥官）的非依赖状态，本杰明·李贝特在 20 世纪 80 年代做过一项很有名的实验。参与该实验的人，可以在任何时间自由地活动自己的手指及手腕。然后，研究人员会记录下不同时刻他的大脑活动情况。

①想要以自己的意志活动手指的时刻。

②大脑发出活动手指的指令信号的时刻。

③手指实际开始活动的时刻。

实验结果显示，正确的先后顺序是②→①→③。“活动手指”的这个指令在受测者有意识做出决定（产生意图）的 0.35 秒之前，就已经被大脑发出了。也就是说，在本人决定想要活动手指之前，大脑就已经开始准备活动手指了。

由于这项实验否定了人有自由意志，一时间成了热议的话题。

其实，我们也可以这样去理解：人类并非从一片空白中催生出行动的，在做出行动之前，我们的大脑已经开始运行了。

哼歌时是谁帮我们选的曲子

那么，我们在用鼻子哼歌时也是同样的情况吗？随意地哼歌与在 KTV 里选曲的行为可是不一样的。如果是在 KTV 的话，我们都是听从自己的意识，从曲库中挑选出喜欢的曲子。但是在随意哼歌的时候，几乎没有人会特意思考“我想哼哪首曲子”。

我每次哼出的歌，都不是自己想唱的曲子，而是随意听到的曲子，比如刚刚路过的超市里播放的某首流行歌曲。就像是有个 DJ 躲在我所意识不到的地方，帮我挑选好了曲子似的。

我们也可以尝试以“肠子”为例来进行思考。人的肠子中有超过 1 亿个神经细胞，其经由所谓的“迷走神经”与大脑相连接。然而，即便切断了这条通路，肠子依然能够独自做出判断。因此，肠子也被称为“第二大脑”。不过，我们平时能意识到肠子是自己的副指挥官吗？

人的行为都是以议会制的形式决定的

如此看来，人的行为并不是由自己一个人决定的，也不是由专制君主制的形式决定的。那么，是不是应该就像议会制一样，通过国会投票的形式来决定呢?

我们可以用培养早起的习惯来举例。当我们决定从明天开始就这个点起床了之后，兴致勃勃地定好闹钟，这就相当于发出了“召开国会”的一个信号。

于是，来自身体内各个部位的“政治家”们开始集合，并召开国会。因为早晨睁开眼时感到腰有些痛，所以，从“腰”省选出的“政治家”就会抱怨应该再睡一会儿。而昨天聚餐时吃得太多，因此，从“肠”府来的“政治家”就会发言说我们应该慢慢消化。

在投票阶段，如果赞成再睡一会儿的占大多数，那么就可以表决了。我们会按下闹钟上小睡的按钮，让自己再多睡五分钟。如果每隔五分钟就进行一次这种表决的话，那么“再不赶紧起床的话，可就糟糕啦”“你想不断地自我厌恶吗”这样严肃的批评意见就会逐渐占据上风。如此一来，虽然我们很不情愿，但还是会从床上爬起来。

成为习惯的状态

当早起成为我们的习惯状态以后，即使身体内部多多少少还有一些反对的意见，但依然会在很短的时间内就做出表决——赞成立刻起床的占大多数。

重要的是，即使是在这种状态下，也并非完全不需要召开“国会”了，也不可能完全没有反对的意见。我虽然能确保自己上床睡觉的时间，但是早晨睁眼的时候却未必都是某个固定的时间。

不过，每当我不想起床的时候，我就会意识到也许是最近太累了吧。由于每次都会这么想，所以渐渐地对于自己内心冒出来的意见也不太相信了。

我知道如果不能早起的话，接下来很多习惯的事情也难以完成了，这将会是一个恶性循环。虽然多少还是有些困意，但如果我能起床并做一做瑜伽的话，5 分钟后我就能感到自己彻底清醒了——只有不断地重复这一过程，这样的“结论”才会被固化。到那个时候，不需要一次又一次地“投票”，我的身体就能立刻做出决定。

我们并非主宰自己的“国王”

正如到目前为止你所看到的那样，人类所做出的行为中，有很多都是与意识无关的。但是，当原本应该去做的事情却并没有做时，这种对问题抱有的责任感则属于一种意识。没能成功瘦身，没能成功戒烟戒酒，工作上总是不断拖延时间等，这些都是与人的意识相关的问题，常会被简单地归结为意志太过薄弱导致的。

然而，严格来说，这也是对意识和意志力的一种高估。我们之所以会把意志坚强、意志薄弱当作理由，就是对其有所误解，认为自己的意识会完全操控自己的行为。

首先，我们要牢记的一点是，意识或意志并不是决定我们做出某些行为的关键因素。很遗憾，我们并不是能主宰自己的“国王”。所以，希望大家都能冷静地认识到这一点。

把自己变成习惯的动物

秋天到了，松鼠们为了过冬会提前囤积充足的食物。可是，对于松鼠来说，其自身却并不会特别意识到“冬天马上就要来了，必须多储备些吃的啊”，也不会为此制订缜密的计划。只是因为眼睛检测到阳光不那么强烈后，松鼠的大脑就会立刻启动"囤积食物"这个程序命令。

村上春树曾说过："我已把自己变成了习惯的动物。"所谓"养成习惯"，就是对自己身上动物性的部分、下意识的部分进行了改变。其实，关键问题并不在于自己的意识。例如，对松鼠来说，就是感受到的阳光强弱的问题。要想改变习惯，我们必须将重点放在会影响自身行为的基本因素上。

接下来，我们再来看看什么样的行为能够变成我们的习惯，怎样做才能让意识这个"国王"让出它的宝座。

培养习惯就是将其变成不假思索就能做到的过程

要想做到不假思索就能骑好自行车，就必须先学习身体的动作和骑行的技巧。最开始时，我们不得不依靠意识来控制自己的身体。但是，在这个过程中，我们逐渐变得不假思索就能骑车了。此时，我们的大脑中究竟发生了什么样的变化呢？

对此，我们可以参考20世纪90年代MIT[①]用老鼠所做的一

① 指麻省理工学院。

项实验。研究者事先在老鼠的大脑中嵌入了能感应其脑部活动的装置，然后将老鼠放在一个 T 字形场地的入口处，如果它在 T 字路口往左走的话,就能找到放在那里的巧克力。在研究者发出“咔嗒”一声信号后，挡在老鼠面前的隔板会被移开，这样老鼠就会想去找出巧克力香味的来源。最初，老鼠会在场地里跑来跑去，或者在 T 字路口走错了方向，耗费了很多时间。

在不断试错的过程里，其大脑内被称为“基底核”的部分会一直保持活跃状态。在重复过几百次这项实验后，老鼠会变得不再受其迷惑，正确找到目标的时间也大大缩短。在顺利找到巧克力的同时，老鼠大脑的活跃度变得很低，也就是说逐渐变得不用再思考了。

两三天后，老鼠便不再通过挠墙或嗅味道来收集信息。一周后，与记忆相关的大脑部位的活跃度变得更低了。最终，老鼠不假思考便能找到巧克力。对老鼠来说，这一行为已经成为一种习惯了。

最初，老鼠为了找到巧克力会不断地试错。
但是，重复过几次后，大脑便逐渐不用再进行思考。

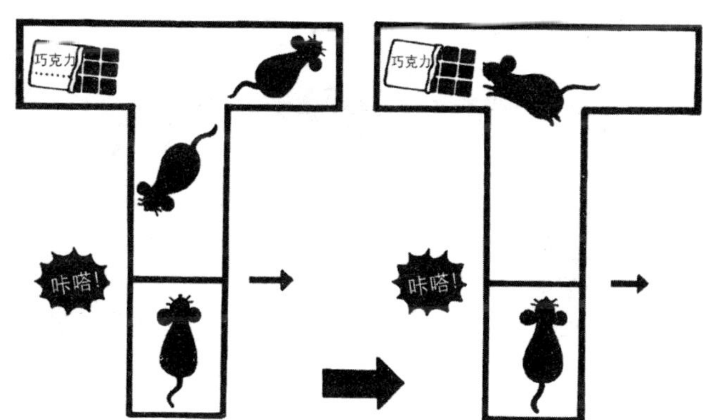

习惯的三大要素

查尔斯·杜希格在《习惯的力量》一书中指出，习惯是由以下三大要素构成的：

第一个要素是“触发（trigger）”。在上述的实验中，通过观察老鼠的大脑活动可以知道，当老鼠听到隔板被移开的“咔嗒”声以及最终找到巧克力的时候，其大脑都处于最为活跃的状态。“触发”要素所起的作用，就是告诉大脑要启动某个自动操作模式。对于老鼠来说，就是那个“咔嗒”的声音。

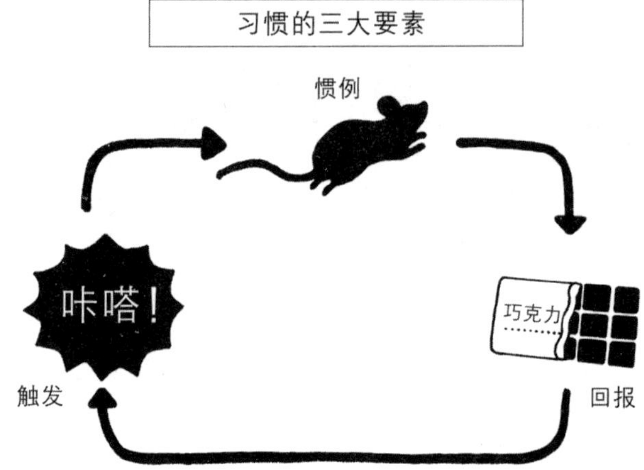

第二个要素是“惯例（routine）”，也就是被“触发”要素所激活的某个固定行为。还是以老鼠为例，当隔板被移开后，它会毫不犹豫地跑向 T 字路口的左侧，然后找到巧克力。这是通过不断试错后所记住的，而这一行为几乎不需要经过大脑做任何思考就能完成。

第三个要素是“回报（reward）”。是否要将这一连串的行为保存下来，这要取决于大脑对“回报”的判断。“回报”的概念，正如我们在第一章中所探讨的那样，是指那些能给人带来喜悦和快乐的东西，以及能让人感到愉悦的事情。能够找到像巧克力这样高热量的美食，意味着老鼠今后也会想要采取同样的行动。因此，老鼠的大脑才会愿意记住找到巧克力的路径。

习惯化=使大脑产生实际的变化

如果是味道不错的餐厅，下次还想再去；而如果饭菜不好吃的话，便不会再去。对于行为所带来的快乐和喜悦等情绪，我们总是贪婪地想要再体会几次。以多巴胺为媒介发挥作用的这一回报系统，属于大脑中非常原始的部分，无论是老鼠还是我们人类的大脑都是如此。所以，像吃饭、性交、与同伴交流等这些有利于生存的行为总能给我们带来快感。

通过不断地做出这些行为，其与快感的关联就会越来越被强化。实际上，在神经细胞互相连接的“突触”部位，其用来接收信号的“树突”结构，经过几次信号的刺激后，真的会变得更大。

所以，通过听演讲、参加短期培训班的方式是不可能改变大脑意识的。想要养成某个习惯，就必须反复地亲身实践，将其真正印刻到大脑的神经细胞中。

练瑜伽和写日记的“触发”要素

前面讲过，习惯的三大要素是触发、惯例、回报。接下来，我们就逐个进行详细的探讨。

首先是触发。我猜大家都一样，将闹钟作为让自己早晨起床的触发要素。而我在起床后会做的事则是瑜伽练习。由于我在上床睡觉前就事先把瑜伽垫铺好了，所以早晨醒来后一睁眼就能看到。我将看到瑜伽垫作为开始练习瑜伽的触发要素。

吃完早饭后，我会冲上一杯咖啡。所以，我将喝咖啡这件事当作开始写日记的触发要素。某天傍晚，我在喝咖啡的时候，突然想到怎么没写日记呢。这是因为喝咖啡这一触发要素，已经与写日记这一惯例行为关联起来了。

威廉·詹姆斯在他的《心理学》一书中也提到过类似的案例：某位退役军人正双手端着食物走过，旁边一个男子开玩笑地喊了句“立正”，结果，该退役军人就条件反射似的立刻放下双手，做出了“立正”的姿势，而他端的肉和土豆也都掉到了地上。所以，即便手上拿着很重要的东西，我们仍然会屈服于习惯的强大力量。

诞生天才的微小“触发”要素

从微小的“触发”要素中也能诞生出天才哦。山口真由以第一名的成绩从东京大学法学部毕业，做过财政部的官僚，后来成了一名律师，并在哈佛大学法学院获得了全A的优异成绩。同时，他还考取了纽约州的律师资格证。现在，他正在为成为大学法律系教授而努力。

看到这样一份堪称完美的履历，你肯定会想这人应该是个天才。可是，和其他的天才一样，山口君也曾说过“因为我并不是什么天才，所以只能不断地努力奋斗”。山口君每天的学习都是从“看桌子”开始的。

这是山口君从孩童时代就养成的一个习惯。起床后拉开窗帘，让自己沐浴在阳光下。而接下来的瞬间，他就会把视线移到书桌那里。随后，他坐到椅子上，随便拿起一本书开始阅读。直到母亲喊“吃早饭了”的时候，他已经在书桌前度过了10分钟的时间。像这样，坐在书桌前看书的行为，他一天也没有中断过。从学校放学回家吃完点心后，他又会去“看桌子”，以此作为自己开始学习的起点。

即使上了高中、法学院也是一样，沐浴完早晨的阳光后，他就会先去“看桌子”。从这一微小的“触发”要素中养成的习惯，才让他有了这样的成绩。

坏习惯的“触发”要素

要养成好习惯是很困难的，同样的道理，要改掉一些坏习惯也没那么容易。我曾经想要戒酒，但是无论怎么努力都控制不了自己。

原因之一就是有太多的“触发”要素在促使着我想要喝酒。例如，我白天喜欢喝点啤酒，每次一点天妇罗荞麦面，我就像条件反射似的会再点一瓶啤酒。而在吃饺子或炸鸡块等油多的食物时，也是一样的做法。除此之外，还有很多东西会让我将其与啤酒关联到一起。

查尔斯·杜希格曾将“触发”要素总结为以下五大种类。在这里，我就以想要喝酒的“触发”要素来举例吧。

- 场所（回家路上的便利店、友人的婚礼上）
- 时间（下班后的晚上、周日的白天）
- 心理状态（连续加班带来的压力、犯错后的失落感）
- 自己以外的人物（漂亮女性、许久未见的同学）

·眼下的行为（做运动流汗、泡在温泉里）

总之，坏习惯都是在这些特定的条件下养成的，而要想养成一个好习惯，这些因素也是十分重要的。详细的内容，我会在第三章中加以阐述。

像锁链一样关联起来的“惯例”行为

想要与众不同，未必要做一些特别的事情。通过一些稀松平常的小事，同样会让你变得与众不同。

——铃木一郎

“惯例”是相对比较容易理解的概念，其指的就是被触发要素所激活的某个固定行为。以牙齿的不适感作为触发要素，可以激活刷牙、洗完澡后用吹风机吹干头发等一系列的日常行为。

当我要去健身房锻炼的时候，会以固定的时间、急切想要锻炼身体的感觉来作为自己的“触发”要素。我会像往常一样，准备好健身服和水杯，连去健身房的路线、储物箱的解锁方法等都已经驾轻就熟。我总是选择做肌肉拉伸、慢跑等一些固定的项目，甚至连运动结束后淋浴和洗衣服的方法也都是保持不变的。

一个惯例行为将成为激活下一个惯例行为的触发要素。去健身房做运动虽然看起来是一个很复杂的行为，但是也可以将其理解成是由触发要素与惯例行为所组成的一连串行为。这就和每个人早晨所进行的“仪式”是一样的道理。

惯例行为能调节我们的心态

惯例行为的一大好处，就在于其能够改变我们的心情，让我们摆脱纷乱的心态，其发挥的作用就像乐器的调音器一样。

以村上春树为例，他每天都会慢跑一个小时，如果遇到了无法言说的指责或遭到拒绝时，就会让自己再多跑一段距离。我也是每天都会跑步，如果遇到了讨厌的事情，就更想要出去跑跑步。因为我感觉到通过跑步这件事确实能改变自己的心情。解决问题的本质并不在于问题本身，而是你该如何看待这个问题——你的心态问题。我在第一章中就说过，情绪会左右你的意志力。通过保持平日里的习惯，能够消除负面的情绪，从而恢复你的意志力。

据说，铃木一郎缓解疲劳的重要方法，就是以相同的方式做好每天都在做的事情。他曾说过：“虽然内心承受着痛苦，但是身体若能像往常一样运动的话，在这个过程中心态就会逐渐变好。这就是我调节自身心态的一个小技巧。”

同往常一样锻炼自己的身体，这样一来，自己的心态也会随之调整。在你非常冲动想要购物，或特别想要得到某样东西的时候，连呼吸也变得急促起来。这时候，要有意识地缓慢呼吸，以此来抑制内心的欲望。另外，我们还可以养成一边缓慢呼吸一边进行冥想的习惯。

职业橄榄球选手五郎丸步在开球前会合掌祷告，羽生结弦在比赛前也会用手画十字合掌祷告。如果他们心里总是想着“这可是决定胜负的一球”，就会让心态变得与往常大不一样，而身体的平衡也会随之受到影响。相反，他们通过惯例行为，让自己重新回到往日沉着冷静的心理状态，最终会取得同练习时一样的成绩。

人类难以想象的回报

“那个……是麻醉药吗？”

“麻醉药？”

"是的，我有一次困在了大山的岩壁上，那时候尝过一次，它的味道就像平时喝的温水一样。"

——摘自小说《垂直极限》[①]

在习惯的构成要素中，比较难的是回报。为了追求回报，人们愿意多次重复做出该行为。

· 品尝美味的食物
· 与朋友交流
· 与喜欢的对象性交
· 获得金钱
· 在 SNS 上得到他人的点赞

以上都属于比较好理解的回报，为了追求这些而做出某种行为，在任何人看来都是很好理解的。然而，这个世界上也存在一些让我们难以理解的行为，我们不明白他们那样做到底是为了什么。

---

① 由日本著名小说家梦枕獏所著小说，原名《神々の山嶺》，分为上、下两部，并被改编为漫画。小说与漫画均取得强烈反响。

编写维基百科所获得的回报

当我们提到“回报”这一概念时，很容易就会想到金钱。然而，人们所能获得的回报其实不止于此。例如，在维基百科上编写词条这件事，就一分钱也得不到。

网友 Norimaki 就花了半年的时间来编写有关小林一茶[①]的词条。这真的是要付出极大的精力的。如果把这些内容写成书的话，应该还能挣到一笔版税。可是，Norimaki 却将维基百科当成肆意地释放自己的本能，让自己能对喜欢的事情刨根问底的场所。

既能够满足自己的好奇心，发扬自己的探究精神，又能让他人获得知识。维基百科词条的编写者们所能获得的回报，应该就是指这个吧。这些编写者还会互相交流，在线下聚会。这种与自己的兴趣相结合的沟通交流，也属于回报的一种。

以往，像微软这样的企业，会高薪聘请职业经理人，召集专业的编辑来编写词条。这里的高薪应该就是一种回报。但是，个人所拥有的这种自发性的动力，也能让其将这项工作坚持到底。即便这里没有出现金钱的交易，但是人们却能得到其他各种形式的回报。

① 日本江户时期著名俳句诗人，本名弥太郎，别号菊明、二六庵等。主要作品有《病日记》《我春集》等。

辛苦的运动能带来何种回报

还有很多在他人看来难以想象的回报。我以前就在大夏天见过在路上慢跑的人，当时就在想那个人到底是图什么，才会做这样一件事呢。

我在上中学的时候，加入过篮球社团，当时真的是一天不落地在练习，每天都会做剧烈的运动。可是成年了以后，几乎就不怎么运动了，感觉就是完全不知道慢跑的乐趣在哪里。

虽然现在我已经能跑完马拉松的全程，但仍然会遇到有人当面告诉我“真不知道你到底是为了什么才会做这样的事情”。对于没有跑步习惯的人来说，马拉松这样的比赛只会给他们留下痛苦的印象。

我们之前也说过一个习惯的养成离不开相应的回报。那么，跑步的痛苦能给我们带来何种回报呢?

慢跑能产生内啡肽，这是谎言吗

神经传导物质内啡肽常被用来解释慢跑所能带来的回报。内啡肽像吗啡一样，具有镇痛作用，因此可以消除跑步时的痛苦，能让人产生所谓的“跑步很快乐”的陶醉感。

脑科学家格雷戈里·伯恩斯是对此说法持怀疑态度的人之一。理由就是，研究表明，在进行剧烈的运动时，只有不到 50% 的受测者体内的 β－内啡肽的数量会增加。在慢跑的人群中，真正体会过“跑步很快乐”的人很少，而且也并不是每次都能感觉得到。格雷戈里·伯恩斯认为，内啡肽不是让人产生陶醉感的真正原因，它只是这一过程中的副产品而已。

应激激素的积极作用

那么，人们慢跑时所获得的回报到底是什么呢？格雷戈里·伯恩斯认为，跑步所获得的回报源自一种名为“皮质醇”的应激激素。一说起激素，可能很多人都对其有不好的印象。实际上，就像作用比较复杂的多巴胺一样，皮质醇也具有正面和反面两种作用。

格雷戈里·伯恩斯是这样来解释皮质醇的作用的：当人的肉体处于压力状态时，皮质醇能使人变得亢奋，提高注意力，甚至还会增强记忆力。但是，只有在一天中分泌 20 毫升至 40 毫升时，才会有这种效果。一旦超过这个数量，人就会感到不安，即表现出所谓的“压力症候群”。

适量的皮质醇可以与多巴胺起到互补的作用，能使人产生很强的满足感和陶醉感。让格雷戈里·伯恩斯感兴趣的一点是，当你让朋友分泌出适量的皮质醇后，自己的身体像是要确认这种感觉似的，也会产生陶醉感与幸福感。要想体会到深深的满足感，仅靠多巴胺是不够的，还需要与压力状态下所分泌出的皮质醇相结合。

我自己也是这样的，每次开始慢跑 10 分钟左右以后，身体就会产生不同于平常的感觉，因为锻炼身体这件事本身就令人感到快乐。对于生物来说，减少体内多余的热量，才能使自己长寿。人类也是如此，很多人平时都想要尽可能轻松地保持这一“模式”。但是，短暂地连续奔跑，则会给人一种切换到另一种“模式”的感觉。

烦恼或不安变得更少了，从身体某处涌现出了能量，平时生活中感觉不到的干劲和自信也出现了。上气不接下气的状态当然会令人感到痛苦，但是，像这样给身体施加适当的压力，能让我们体会到短暂的满足感。

只分泌多巴胺的话，也能让人产生快感，只要不特意去回想一些痛苦的经历就行。因此，可以通过品尝美食等很多种方法让自己变得快乐起来。但是，要想获得强烈的满足感，就必须有适当的痛苦和压力。

比尔·盖茨、杰夫·贝索斯仍在工作的理由

像比尔·盖茨、杰夫·贝索斯这样的大富翁，即使他们不去工作，拥有的财富也足够使自己下半辈子每天都躺在沙滩上悠闲度日。但是，他们并没有选择这么做。也许是因为每天都做让自己快乐的事情，并不能让他们感受到强烈的满足感吧。

“为什么我们在一起就只能做那些快乐的事情呢？”我被曾经的女朋友这样说过。因为她平时工作很忙，我想至少在约会的时候能让她感觉稍微轻松一点，所以特意花了很多心思做准备，没想到她会这样说。当她这样说时，我感到特别不能理解，心想：哎？这话是什么意思嘛，我到底哪儿做错了呀？而现在的我似乎能明白了。

也许，在人际关系方面，也应该有一些压力，这样才能提高彼此的满足感。电视剧的剧情跌宕起伏，才会引人入胜。而我和她之间的“剧本”都只是快乐的事情，自然会令人感到乏味。

虽然话题有些跑偏了，不过话说回来，做运动还能带来其他的回报。例如，很多灵感并非我们坐在书桌前产生的，而是在散步或做运动的时候冒出来的。我想大家都有过这样的经验吧。

梅森·柯瑞在《天才们的日常生活》一书中，描述了作家、

音乐家、画家等很多伟人的生活习惯，几乎所有的人都把散步当作每天必做的事情。

我在撰写本书的过程中，大部分的内容也是我在慢跑时想到的。总之，做运动的确能让我发挥出不同于坐在书桌前的创造力。

有氧运动能让神经元得到成长

医学博士约翰·瑞提[①]在《只有运动才能锻炼大脑》一书中提出，运动之所以会让我们心情愉悦，是因为血液从心脏中被强力地送出，而大脑也处于最佳的状态。

同时，约翰·瑞提还提出“运动有益大脑”的观点，理由是：大脑内除了神经传导物质以外，还有被称为“营养因子”的蛋白质群，而有氧运动能促使这些脑源性神经营养因子（BDNF）数量增多。研究表明，一旦神经元与这种BDNF接触，就能催生出新的“枝丫”来。神经元与大树相似，只不过其“枝丫”上生长的并不是树叶，而是神经突触。长出新的“枝丫”就意味着突触

① John Ratey，哈佛医学院临床精神科助理教授，研究领域为精神医学及精神药物学。

的数量也会增多，这会让神经细胞结合得更加紧密。

因此，约翰·瑞提将BDNF比作大脑的“肥料”。

借助运动来提高成绩

要想提高学习成绩，可能很多人首先想到的不是做运动，而是增加学习时间。其实，并没有这么简单。

美国伊利诺伊州的内珀维尔市曾经以1.9万名学生为对象，试行“第0节体育”的规定。即在第一节课正式上课前，先让学生们去操场跑步，或者骑动感单车进行有氧运动。

最后的效果十分显著。在阅读与理解测验中，平时只参加一般体育锻炼的学生，其成绩只提高了10.7%；而上了“第0节体育”的学生，学习成绩则提高了17%。内珀维尔市的学生在参加名为“TIMSS”的国际标准数学与理科测试中，取得了数学世界第6位、理科世界第1位的成绩（全美学生的平均成绩是理科第18位、数学第19位）。在开始学习之前先去做一做运动，通过这种方式能提高学习的效果和最终的学习成绩。

2007年，德国的研究小组所进行的一项研究显示：与运动前相比，运动后受测者背单词的速度提高了20%。这说明了学习效率与 BDNF 值之间的相互关系。

对于习惯来说，回报是必需的要素。人们常常认为做运动的人是“禁欲一族”，但实际上，这些人并没有拒绝回报。恰恰相反，他们所获得的是更大的回报。

习惯，就像啤酒之于孩子

然而，即使看过了很多描述这方面内容的文章，有人还是无法养成运动的习惯。也许在他们看来，这种回报真的是难以想象的。

养成这种习惯后你所能获得的回报，就像是啤酒之于孩子。对于从未喝过酒的孩子来说，那种喝下啤酒时的爽快感以及酩酊大醉后的舒畅感是难以用语言描述的。

因为我从没玩过弹子机，所以对中奖时的那种快感自然也无法体会。在从不吸烟的人看来，花几百日元去吞云吐雾，还搞得自己头痛不已，他们实在是想象不出这样的行为到底是图什么。吸毒者仅仅看见白色的粉末或注射器就会兴奋不已，这在抽烟、喝酒、玩弹子机一项不落的人看来，也是难以理解的吧。

像运动这一类乍看起来像是“禁欲”的行为，实际上和那些吸毒的行为在原理上并没有很大的差别。人们都是为了追求某种回报，而反复做出同一种行为。这两种行为在本质上并没有区别，都是一种依赖症。

人们通常会认为自己所能接受的回报，他人自然也会接受。因此，当看到他人获得的是不同于自己的回报时，就觉得难以想象。比如，在他们看来，那些跑步的人无疑是在做一件毫无益处的事情。

培养习惯的过程，就好比是让孩子喜欢上喝啤酒的过程。最初，孩子只会觉得味道很苦涩，但是忍受着这种苦味尝试过几次后，慢慢就会觉得这才是最快乐的事情。

培养习惯并不意味着我们要锻炼自己的意志力，或者拒绝什么诱惑，其实只是在重新改写自己所能感受到的回报和惩罚而已。也就是说，通过多次重复行为，能够让自己的大脑产生实际的变化。

培养习惯的诀窍=将视线从糖果上移开的方法

在第一章中，我们介绍过一项糖果实验，如果让孩子们反复多次参与这项实验——而不是仅限于一次——实验的结果又会变成怎样的呢？

最开始接受测试时，像等待20分钟后会获得两颗糖果这样的回报要素显得过于模糊，让人不太好理解。而且，孩子们也从未经历过这么长时间的等待，所以只会让他们感到辛苦。

但是，在多次获得成功以后，他们就学会了让自己多去回想快乐的事情，从而将视线从糖果上移开，或者是运用将糖果想象成是一朵云这样的小技巧来打发时间。孩子们很多次都在等待了20分钟后得到了两颗糖果，这样就对回报有了实际感受。

在这些孩子中，也有人在得到两颗糖果后并没有立刻吃掉。他们会将这两颗糖果带回家，以期望母亲能夸赞自己获得了“伟大成绩”。这样一来，就能获得比多一颗糖果更大的回报。

如果能这样做的话，真是太棒了。因为，围绕着“眼前的这一颗糖果”进行讨论的价值也就消失了。所谓“养成了好习惯”的状态就是这么一回事。并非我们眼前的回报消失不见了，而是通过多次获得更大的回报，让我们感觉眼前的这颗糖果已经变得无足轻重了。

在你想要培养习惯的时候，最初的确需要一定的意志力。这不是一件简单的事情，并没有能让你立刻就能掌握的魔法。但是，一旦你养成了习惯，就能切切实实地获得更大的回报，从而让你能继续坚持下去。

在接下来的第三章中，我将分50个步骤来详细说明“习惯化”

的方法。

不运用一些策略，确实很难“战胜”眼前的这颗糖果。实话实说，我们应该运用一切方法，让自己的视线从眼前的这颗糖果上彻底移开，直至我们能感受到更大的回报。

本章总结

- 人所做出的行为中，有 45% 是基于习惯。
- 刷牙、系纽扣、系鞋带等，这些孩童时期觉得困难的行为，在经过多次练习后就能做到下意识地完成。
- 驾驶、做菜等复杂的行为，也可以在不运用意识的前提下进行。
- 意识只有在出现问题时才会被唤醒。在日常生活中，我们都像自动操作般地做出某些行为。
- 当早晨要在固定时间点起床时，因为出现了恼人的问题，所以大脑中的意识会召开“国会”进行讨论。这些“意见”有时会被驳回，有时则会被接受。所以，我们不清楚当意识被唤醒时会倒向哪一边。
- 在老鼠实验中，为了追求回报，老鼠会多次做出相同的行为，渐渐地大脑变得不再思考。
- 所谓“习惯”,就是在“触发”要素的作用下,做出“惯例”行为，以追求相应的“回报”。

- 养成习惯，实际上就是在改写相应的回报。虽然辛苦的运动能带来满足感和陶醉感等较大的回报，但对于从未体验过的人来说，是难以对此产生感觉的。这就像啤酒之于孩子。

- 培养习惯的过程，就像是反复参与糖果实验一样。如果你能很多次获得两颗糖果，那么在这个过程中，就能够对将来的回报有所感知，而这是无须讨论的。

- 所谓培养习惯的方法，就是要动用一切手段，让自己的视线从眼前的这颗糖果上彻底移开。

第三章
养成习惯的50个步骤

50 steps for making new habits

STEP 1　切断恶性循环

要想把脏布重新染漂亮，就必须先把它洗干净才行。

——阿育吠陀[1]的教诲

就像第一章中所说的那样，不安感和自我否定等这些负面情绪会使人丧失意志力。这样一来，大脑就会采取本能的行为，只想要得到眼前的回报。结果就是，你会变得暴饮暴食、失去干劲，望着手机屏幕发呆。事后又对自己的所作所为十分后悔，并且会感觉到压力。

更糟糕的是，长期处于这种压力状态下，大脑中原本可以抑制本能行为的认知功能（属于“冷系统”）会逐渐退化。正所谓“东西不用就会坏掉”，认知能力退化后，我们便很难再从不同的角度来看待客观的现实了。例如，无法把眼前的糖果想象成假的或者一朵云。因此，会让我们更加被眼前的回报所吸引。

不知不觉间，我们就陷入了“习得性无力感”的状态。就好像对一条狗实施无法回避的电灯泡刺激，虽然一开始它会跳起来逃避光亮，但是久而久之就会变得逆来顺受。因为它已经意识到

---

① 梵文，意思是生命的科学。

无论做什么都将是徒劳的。

遗憾的是，这样一种恶性循环的存在也会妨碍我们养成良好的习惯。所以，必须在某个环节将其彻底切断。

★难以养成习惯的原因

认为坏习惯是化解压力的必要手段

一种较常见的误解，是把暴饮暴食等这些不良习惯当成化解压力的必要手段。因为是必要的，所以如果不做出这些行为的话，就会一直被压力所带来的负面情绪包围，反过来又会让自己只想要得到眼前的回报。工作和生活等各方面都会使我们产生压力。重要的是，我们要认清楚压力的本质。同时，还要避免化解压力的行为所带来的更大的压力。

《小王子》中有这样一句台词："我因喝酒而感到羞愧，为了忘却我的羞愧，于是又开始喝酒。"这真是一个悲惨的故事啊，就好像人在没钱的时候会感到不安，而为了消除内心的这种不安感，又会选择去花钱购物。由于内心不安，所以做出了会带来更多不安的行为。作家格雷琴·鲁宾简单总结出了应对的方法，即为转换心情所做出的事情，必须不能是让自己更讨厌的事情。

戒掉坏习惯的技巧与养成好习惯的技巧正相反

无论是好习惯还是坏习惯，二者背后都拥有着相同的原理。因此，戒掉当前身上坏习惯的技巧，与培养一个好习惯的技巧，就是正好相反的。例如，后面会提到培养习惯的第 13 步——“降低该行为的门槛”。那么，如果你想要戒掉某个习惯的话，就要反过来思考“提高该行为的门槛”。在接下来的内容中，我首先会提到的都是在戒掉坏习惯时，需要特别注意的要点。然后，再介绍培养好习惯时的要点。同时，还会就坏习惯等内容做适当的解说。

STEP 2 首先要决定好戒掉什么习惯

如果能让自己不再痛苦，那放弃快乐也是一件好事。

——普布里利亚·西鲁斯①

无论一天的作息安排多么松散，人都能够过完这一天。当然，

① 拉丁文格言作家，活跃于公元前1世纪前后。他被卖到罗马帝国当奴隶，但其才华赢得了主人的青睐。

也有的人原本打算慵懒度日，结果却一整天都过得紧紧张张的。

对当事人来说，无论是好事还是坏事，一整天都是被习惯填得满满当当的。因此，若想再加入新的习惯，就必须得让老习惯“退场”才行。所以，我们首先要做的就是决定好要戒掉哪个习惯。

应该戒掉哪个习惯呢？这可是个难题。就像之前说的，人们很容易将某些习惯当作化解压力的必要手段。

你是否愿意让自己的孩子也养成该习惯？

这种时候，比较有参考价值的一个提问是：你是否愿意让自己的孩子也养成该习惯呢？实际上，即便目前你还没有孩子，这个问题也是成立的。

比如，看似是自己不可或缺的，但实际上如果可以的话也想要戒掉的那些习惯，很难从中学到什么，甚至如果自己的孩子也想那样做的话，自己也不会赞成，做完后并不能体会到成就感或满足感，只剩下后悔的感觉。

我们总会找出各种借口，让自己怎么都戒不掉某些习惯。无论如何，都会编造出一些“好处”来。

但是，当我们思考是否要让自己的孩子也养成该习惯时，情况就变了。应该没有多少人会想要让自己的孩子对酒精或尼古丁产生依赖，或是被智能手机和SNS（社交网络）所捆绑，抑或是沉迷于赌博吧。

成年以后就可以任由自己去做任何事情——这听起来太令人不可思议了。如果说让孩子看电视或打游戏时，必须加“一个小时”的限制条件的话，对成年人也应该这样限制。因为，人应该终生都处于受教育的状态。

问题并不在于形式本身

问题并不在于习惯性行为的形式本身，所以，我们并不能简单地认为：如果是这种习惯就不可以有，如果是那种习惯就可以有。例如，我对孩童时代的记忆，几乎就是一直在打游戏，但是到了30岁时便不再打游戏了。我自认为这样才是正确的选择，并且从那之后看到热衷于游戏的人，就会流露出鄙视之神情。但是，在了解了日本首位职业电玩选手梅原大吾对游戏的看法后，我的想法又发生了转变。

梅原君也是对游戏本身非常厌恶。在电玩比赛中取得优胜的成绩，这只是一种手段，他真正的目的是实现自我的成长。为了获得世界第一，他会很认真地打几个小时的游戏，一发现问题就立刻记下来，并不断加以改善。这种试错的过程，与职业运动员的训练如出一辙。

只要认真去做，任何事物都会有价值。比如，从游戏中也能学到人生的很多知识。我虽然已经戒酒了，但是对认真工作的侍酒师和酿造日本酒的酿酒师会有极大的敬意。他们应该也能从酒里学到很多知识吧。

但是，回顾自己与酒的关系，很难说我从其中学到了什么东西。酒席上热闹的气氛固然会使人感到快乐，但是第二天醒来时，更多的则是后悔。所以，我彻底把酒给戒了。

不想让自己的孩子也养成的习惯

做完后毫无成就感，只剩下后悔的事情

回首过往时，并不认为从中学到了什么

请在脑海中反复思考上述这些，试着找出自己首先想要戒掉的习惯吧。

所有的行为都源自依赖性

有意图地去享受乐趣，这是人生所必需的。问题在于，有时明确想要戒掉的习惯，却总也戒不掉。自己无法戒掉习惯的这一现象就叫作“依赖症”。除了酒精、尼古丁以外，还有很多物质会让人产生依赖性，比如砂糖。

神经学家妮可·艾维纳在一项实验中持续给老鼠喂食砂糖，结果发现老鼠对砂糖表现出了很强烈的欲望，而且就像可卡因一样，在体内产生了耐受性，甚至引起了“药物戒断”反应。在以384个成年人为对象进行的一次问卷调查中显示，有92%的人表示自己会特别想吃某个特定的食品，曾经尝试过几次都没能成功戒掉。

芝加哥大学附属医院的约翰·格兰特指出，不仅物质会让我们产生依赖性，那些能带来极大回报和幸福感、能使人内心平静的事情也能让我们产生依赖性。除了药物以外，吃某些特定的食品、购物行为、性行为、偷窃行为、SNS（社交网络）等，都会让我们产生依赖性。我之所以会慢跑，就是因为这能使我心情愉快，也可以说这是一种依赖。

越快获得回报，就越容易形成依赖症

容易形成依赖症的事物都具有一个特点，就是能让人很快就获得回报。简单来说，就是对你心情的影响立竿见影。如果喝完一口酒，要等到 6 个小时以后才能体会到酒精所带来的快感，我想也就没什么人会喜欢喝酒了吧。如果在 SNS（社交网络）上要苦等一个月后才会有人给你点赞，我想应该就不会有这么多人沉迷其中了吧。

我们的大脑很难判断出这种“坏多巴胺”是经由药物作用而增多的，还是通过运动而增多的，我们只是在不断地重复能产生快感的行为而已。因此，我们首先必须有意识地去思考该戒掉何种习惯。

我选择戒酒的理由

对我来说，一个很想要戒掉的习惯就是喝酒。我之所以首先想到戒酒，并不是要否定与酒有关的文化，也并不认为大家现在就该立刻把酒戒掉——这是我到死也不会有的念头。只是在我看来，酒是一个最好还是戒掉的东西。

在后文中我会偶尔拿戒酒这件事来举例子，不过希望大家在阅读的时候,能将此处的“酒”替换为你自己想要戒掉的“× ×”。在你想要戒掉某些习惯时，所采取的策略其实都是大致相同的。

戒酒这件事难就难在每个人都以为能控制住自己，觉得自己离“酒精依赖症”还远得很呢。当然，也许很少有人会从一大早就开始不停地饮酒，也没有人是为了患上“依赖症”而开始去喝酒的。我们都是从最初的那“一小口”开始的。因此，这是一个最常见的问题。

我是在一年半以前成功戒酒的。在那之前也挑战过很多次，但不管怎么做都是以失败告终。我真的很喜欢喝酒，也很喜欢酒席上的氛围。后来会想到“戒酒”，是因为另一件我一直想做到的事情——早起。据说海明威无论头天夜里喝到多晚，第二天仍能早早起床，如果我能有海明威那样的体质，也许就不用戒酒了。

想着喝完这一杯就戒了，可是总也停不下来。因为大脑中负责降低欲望的冷系统也已经被酒精麻痹了。明明想过作息有规律的生活，结果还是会宿醉到第二天的中午。而且，怎么也养不成早起的习惯。我对这种不好的状况开始感到厌烦。让自己的人生被如此多的“后悔”所占据，这样真的好吗？

STEP 3　利用转机

即使患个感冒，也能改变你的世界观。所以说，世界观不过是感冒的一种症状而已。

——契诃夫

虽然我现在已经养成了各种习惯，但如果要搬家的话，就不得不从头开始培养习惯了。所以，我必须重新构建与自己的居住环境相关联的触发要素。

反之，当我想要戒掉某个习惯时，同样也可以把搬家当作是一种转机。在打算戒酒的时候，我所利用的转机就是生病。酒精属于一种药物，会使我们产生物质上的依赖性。因此，仅靠意志力就能把酒戒掉的想法未免太天真了。这就好比你在减肥时感觉快要饿死的时候，没办法靠意志力让自己忍住不吃东西。

我在某次旅行的途中感染了流感病毒，有 5 天的时间都是在床上度过的，之前一直期待的潜水活动也不得不取消了。生病的状态下，别说喝酒了，就连饭都吃不饱。但是，当我试着在没有酒的前提下过完这 5 天以后，我注意到那种想喝酒的欲望比平时少了很多。我想无论你想要戒掉什么习惯，可能最痛苦的就是最初的那 5 天吧。

而我恰好利用了这次机会。在停止喝酒之后的 20 天里，脑子里还是会残留想要喝酒的欲望，而且看到别人喝酒的样子，也会心生羡慕。但是，在坚持了一个月以后，我发现自己即便看见酒，也一点都不想喝了。和我一起撰写博客专栏的沼畑直树[①]也

---

① 被称为日本“极简主义”第一人，代表作有《最小限主义》。

是以住院治疗牙齿这件事为契机，成功地把酒给戒了。而关于戒烟，我们也听过类似的故事。人在生病的时候，身体处于低谷期，状态也跟平时大不一样，不过这也给了我们戒掉坏习惯的机会。

我之所以能对很多东西保持“断舍离”的态度，也是源自被前女友甩掉这一契机。翻看那时候的日记，我发现我会常常往寺庙等这些地方跑——因为我想重新审视自己。而这样的转机也使我自己发生了改变。

在最需要的时刻断舍离

如果你必须吃掉两只青蛙，那么要先吃掉那只长得更丑的。这样一来，在接下来很长的一段时间里，你都不会再遇到它了。

——马克·吐温

我觉得自己戒酒的时机也是恰到好处。我是在 1 月戒的酒，当时立刻将其作为“新年目标”发表到了博客上。紧接着我就要去参加新年酒会、结婚典礼等活动。总之，一开始我就遇到了戒酒的最困难时期。不过，搬家到乡下这件事也起了很大的作用。要出门时只能选择走路或骑自行车，附近连自动售货机和便利店都没有。这样的环境使我成功地戒了酒。

在最需要的时刻，果断地断舍离才会有效果。不知从何时起，我不想再往头发上抹发蜡了。因此，我就把戒掉这一习惯的日子设定在与某位漂亮女性约会的那天。在最需要（发蜡）的时刻都能选择放弃，之后应该都能忍住不用了吧。

戒酒也是同样的道理。人到了某个年纪之后，总是通过喝酒来与女性产生关系，所以约会时肯定离不开酒。如果能熬过这段最艰难的日子，那么对于日常生活中冒出来的微小欲望也都能视而不见。

对我来说，最艰难的时刻是戒酒四个月后，当时我是在纽约的一家餐厅里。因为我的上一本书《我决定简单地生活》被翻译成了英文版，为了在出版纪念活动上发表演讲，我专程去了趟美国。我还同那本书的编辑、女译者以及书商们一起参加了宴会。在纽约这样的大都会里，与这些特别的人共聚一堂，庆祝自己人生中的一件大事。在这样的场合中，我都能做到滴酒不沾，这让我觉得这次戒酒算是真正成功了。

STEP 4　完全切断的方法其实很简单

18 世纪英国文学家塞缪尔·约翰逊在朋友劝他少喝点酒时是

这样回答对方的："我可没办法少喝酒哦，因此，唯一能做的就是绝对不碰它。对我来说，少喝酒很难，不喝酒倒很简单。"对此，我表示完全同意。

比起完全滴酒不沾来，那种把每周喝酒的次数控制在一到两次的做法似乎让人感觉更轻松一些，也比较容易坚持下去。但是，对这种做法，我的意见很明确，那就是会说"NO"。以前我也曾因为突然一下子不喝酒了而感到非常空虚寂寞，总是会想出各种借口来让自己破例，比如"和恋人在一起时可以喝""出门旅行时可以喝""像朋友结婚这种特别的日子可以喝""用有机农作物酿造的酒，或者某位我喜欢的酿酒师出品的啤酒，可以喝一喝"等。

但是，像这样例外的情形会变得越来越多。慢慢地，借口就会变成"不管和谁在一起时都可以喝""把今天也当作一个特别的日子吧"……规则变得越来越复杂，就会让人开始思考：真的要遵守这一条规则吗？到底是该忍住不喝呢，还是可以喝一点呢？总之，由于大脑的意识会被频繁唤醒，所以很难再将其作为习惯坚持下去了。

据说哲学家康德只允许自己一天抽一次烟斗，但是随着时间的流逝，他的烟斗也变得越来越大。由此可见，想不破例有多难。

完全不需要禁欲或忍耐

如果想让自己去做某件事，或者想要去某个地方，那么最稳妥的做法就是让自己发誓不想那么做。

——马克·吐温

之所以会想出那么多例外的情形，就是因为自己打心底里认为喝酒是一件快乐的事情。只要还存在这种认识，戒酒就不可能成功。如果将其视作好东西的话，那么在失去它的日子里，自己就只能忍耐了。而忍耐这件事本身并不会带来回报。对于毫无回报的事情，人们是不可能坚持做下去的。

还有一个小技巧，就是当你想要戒掉某个习惯时，一定不要使用禁止的措辞。不要总想着“不准喝酒”，而是“即使不再喝酒也是可以的”。不能只看到好处，也要关注自己所感受到的痛苦。

当我表示自己正在戒酒时，别人常常会说“你是在禁欲吧”。每一次面对喝酒的诱惑时，我都会果断拒绝，这也许可以说是一种“禁欲”吧。但是，正如我们在第一章中所说的，那些被认为是意志力强大的人，原本就没有感觉到这是一种诱惑——哪怕是走进了居酒屋里。

喝酒

▶ 不想喝酒

他们并非像这样，在二者之间最终选择了“不想喝酒”。

对于他们来说，“喝酒”这一项本身就是不可选的。我们之前也提到过，大脑中神经突触互相结合的“树突”部分会在多次重复同一行为之后变得更粗。反之，如果缺少这个重复的过程，其就会处于类似休眠的状态（已经克服了“酒精依赖症”的人，仅需一杯酒就能恢复原样，其原因就在于此）。

现在，我已经很难再回想起喝啤酒时的爽快感和酩酊大醉后的舒畅感了。因此，我根本就不会再产生想要喝酒的欲望。我现在的状态更接近于一个小学生——不明白为什么大人都要喝酒。以前，像威士忌这样的酒，我都是直接端起杯来就喝的，但是现在只要闻一闻酒精度数高一点的酒，我就会像小时候那样呕吐或者感到不适。

这样的状态在那些放不下酒杯的人看来，肯定是难以想象的。这就好像大夏天还在街上慢跑的人，虽然自己很享受，但是旁人总会不解，为什么那家伙要这么做呢？

有的人把喝酒和抽烟当成了化解压力的唯一手段，如果都戒掉的话，那不就只剩下压力了嘛。我以前也觉得如果不再喝酒了，那人生的快乐岂不是少了七成。但是，当我看见不喝酒的小学生也一样过得很快乐时，我才意识到这种想法是错误的。就像韭菜一样，割了一茬又会再长出一茬。当我们尝试戒掉某些行为后，又会有其他的快乐来取而代之。

总是失败的话，不如大胆做出改变

我很喜欢用下面这个故事来说明设定目标的重要性：

以前，松下电器集团（现在的 Panasonic）为了节约经费而提出了“将电费减少一成”的目标。可是，无论怎么做都很难实现这一目标。领导干部们集中到一起激烈地谈论对策，这时，松下幸之助说了这样一段话：“我明白了。既然这样的话，我们就把目标改一改，不再是减少一成，而是减少一半。”原先“减少一成”的目标，相对而言的难度可能只是对某些技术的细节进行调整而已，但如果是“减少一半”的话，那就必须对整个工作思路进行调整。后来，在这样的目标前提下，终于真正做到了将电费减少一成。而我提出的完全戒掉某个习惯是很简单的这种想法，也是基于同样的道理。

STEP 5　必须付出代价

看看你已经丢弃的东西以及你正打算丢弃的东西有多大，你就会知道即将得到的东西有多大。

——摘自小说《垂直极限》

无论是要戒掉习惯，还是要养成习惯，重要的是你不可能永远只得到好处。作家约翰·加德纳就说过“破坏法律就一定会付出代价，而遵守法律也一样会付出代价”。

例如，不戴头盔骑车是非常危险的行为，说不定还会被警察逮捕。但是，即便遵从法律规定戴上了头盔，也不能保证就一定会很安全，而且会让骑车时那种解放身心的感觉变得更淡。

★难以养成习惯的原因

永远只想得到好处

同样，我在戒酒这件事上也是付出了代价的。不管是欢乐的场合，还是庆祝的场合，因为自己都不能喝酒，心情往往会变得有些失落。在我非常爱喝酒的那个阶段，看到不喝酒的人，常会莫名地认为那是个很无趣的家伙。以下，就是我在戒酒以后周遭人的反应。

朋友："稍微喝一点也没事的啦。你自己也想喝吧……"

母亲："你最近看起来很空虚的样子……"

新宿黄金街的店家："快放弃无谓的抵抗吧！"

法国友人："喂喂喂……"

不能因为我很喜欢这个东西，所以就在我选择亲手丢弃它时，认为我是在否定这个东西本身的价值。就像之前提到过的，我对酒文化的态度一直没变，但是我戒酒的行为却招来了别人的误解。有时候，那些自己也想戒酒的人，看见已经成功戒掉的人就会觉得愤怒。就好像从来不整理房间的人或者做不到"断舍离"的人，也会对"极简主义"感到十分生气。但是，我认为这种情绪更多还是源自内心的焦虑。如果一个人坚持认为自己的做法才是正确的，那么当他看到其他人采取不同做法时，应该只会同情对方，而不是感到愤怒吧。

在我付出上述代价以后，也收获了戒酒所带来的诸多好处——过上了作息规律的生活，健康状况得以改善，每月的开销和家里的垃圾都减少了，不会再发生喝得酩酊大醉的情况，每一天都过得明明白白。最棒的是，我不用再刻意忍受酒精的诱惑，终于实现了平稳的生活状态。当我们打算戒掉某个习惯时，最重要的是要想清楚，是否存在应该优先考量的事情，即便是让你付出代价，你也愿意这样做。

村上春树每天都会坚持慢跑，在创作小说期间，他会坚持每天都动笔。由于要保持作息规律的生活，所以他常常婉拒身边人的邀约。他也曾说过："总是拒绝的话，也是会得罪人的。"在创作小说时，村上春树更看重的是与非特定数量的读者之间的那种联系，若优先考量这个的话，那就只好得罪身边的人了。这就是他在创作时需要付出的代价。我对这件事完全能够感同身受。

STEP 6 找出习惯的触发要素与回报

《习惯的力量》一书的作者查尔斯·杜希格曾经也想要戒掉某个习惯。每个工作日的下午，他都会去咖啡馆买巧克力脆饼，然后和身边的同事一起边聊边吃。可这个习惯却让他的体重增加了好几公斤。下面我们就来看看他为了戒掉这一习惯而做出了哪些努力。

导致问题出现的行为本身还是比较明确的，那就是吃巧克力脆饼这件事。因此，他第一步要做的就是找出激活这一惯例行为的触发要素。就像之前介绍过的那样，查尔斯·杜希格将触发要素分成了以下五个类型：

- 场所——身处何方
- 时间——什么时候
- 心理状态——处于何种情绪下
- 除自己以外的人物——还有谁
- 先前的行为——正在做什么

在连续几天进行详细的记录后，他发现自己每天一到下午3点左右就会很想吃脆饼。接着他又开始思考，这件事带给自己的真正回报是什么。在上述的行为中，可以说包含着各种各样的回报，如能在紧张的工作中得到消遣，脆饼能为自己提供糖分，能搞好与同事间的人际关系等。因此，只有试着将这些回报逐一消除，才能弄清楚自己真正追求的回报到底是什么。

最终，他发现自己真正追求的回报是通过与同事们的闲聊，让自己在紧张工作中得到消遣。如果是这样的话，他便可以设定一个在下午3点左右响的闹铃，将其当作触发要素。当闹钟响起时，他就去和同事们聊天——可以将此作为一种习惯。而脆饼实际上并非真正的回报。

发推特的回报

每次我想不出什么好点子的时候，都会去刷一刷推特上的内容。倒不是为了看他人发的状态，而是想看看别人对我发表的内容都会有哪些反应。我在撰写本书时，大脑好像一直很活跃，会冒出一个又一个点子。所以，我很想把这些想法都发到推特上去。不过，如果我真的一个个地发状态，然后再把他人的回复都看一遍的话，那就没时间写书了。

所以，我会在手机的记事本中创建一个名为“推特”的文档，一旦我有什么新想法，就会记在这里。这样做的效果还是立竿见影的。我之所以总是刷推特，是因为别人给我点赞能让我感到欣喜。而现在，我能够将自己的想法“保存”下来——这让我获得了更大的回报。虽然别人还不知道我的想法，但是通过保存这一行为，已经能让我获得极大的满足感。

要消灭想去做的欲望以及回报，是一件很难的事。我们能改变的只是惯例行为的内容。智能手机上有一款名为“+1”的APP，可以为我们提供帮助。每按一次界面上的按钮，上面显示的数字就会像“1、2、3”这样依次递增，其实就是一个很简单的计数程序。

例如，当你产生了想去刷推特的冲动时，就可以打开“+1”APP并按下按钮。这样能让你获得某种成就感和回报，从而暂时放下内心的欲望。无论是盘腿也好，抠鼻子也罢，“+1”APP可以纠正你的各种坏习惯。当你想去做某事的时候，就用按按钮的方式来取代原本的惯例行为。一天下来，如果数字能累积到10或20的话，会给你带来大大的满足感。

STEP 7　成为发现真凶的侦探

我一直把早起当作多年来努力实现的目标，可就是总也做不到。导致无法早起的原因有很多。我们必须像面对许多嫌疑人的侦探那样，从中找出真正的罪魁祸首。下面我就以“谋杀‘早起君’的杀人事件”为例，来进行一番趣味推理：

虽然自己预先设定好了早起的闹钟，但每次仍会按下“小睡”按钮，总也起不来。自己似乎已经养成了闹钟一响就按下“小睡”按钮的坏习惯。

其实只要睡够了必要的时间，应该是能做到自然醒的。所以说，应该还是睡眠时间不足导致的吧。可能是在睡觉前饮酒了，导致就寝的时间延后了。同时，酒精也会让人处于较浅的睡眠状态。这么看来，酒算是真凶的第一候选人。

不，饮食方面也是一个线索。例如，晚饭吃得特别撑的话，为了消化食物，有可能原本已定的睡眠时间被推迟。还有，枕头合不合适也是一个问题。但总体来说，酒是罪魁祸首的可能性最大。那么，为什么我要喝酒呢？是不是还有别的幕后黑手？

在推理调查的过程中，我翻出了某天的日记（笔录）。当天确实因为喝了酒而感到后悔。日记的内容是这样的：

由于没能完成工作中需要的一份稿件，心情非常低落。回来的路上去了趟超市，忍住没有买啤酒，而是买了薯片。但是，几分钟就把薯片全吃完了，心里又产生了自我否定的感觉。本来应该可以再次忍住的，但是内心渴望喝啤酒的欲望难以抑制，又走进了附近的商店。一杯酒下肚后，便难以停下来，马上又想去店里买第二杯来喝。

这一恶性循环的导火索就是原本该完成的稿子没写完，而这件事让自己产生了不安感。所以，开始喝酒的原因就是白天该完成的工作没有做完。由此可见，这才是让我无法早起的真凶。

像这样，对某个习惯进行刨根问底式的分析，本身也是一件很有乐趣的事情。

STEP 8　别拿个性当借口

像报社记者、编辑这样的职业，大多数人的办公桌上都会有堆积如山的文件吧。我以前也是这样。确实，这份工作需要准备大量的参考资料，而且会十分忙碌。

但是我发现，如果真的不在桌子上放任何东西，那么工作不仅不会受到影响，反而能更顺利地完成。

报社记者和编辑往往都有种莫名跟风的心态，总觉得要想工作出色，桌子上就必须得有堆积如山的文件。也许，这样能让自己看起来像是忙得连收拾整理的时间都没有。

天才从不坐等灵感

对于某些职业，人们往往都会有一个固有的印象，如作家写稿子就是会拖拖拉拉，艺术家总是坐在那里等灵感从天而降。

村上春树之前也听别的作家说过，“书稿都是在过了截稿日期以后才开始动笔的”。一直拖延时间，直至截稿日期临近，才感觉灵感好像从天而降似的，赶紧扑到稿纸上奋笔疾书。

之前我们提到过《天才们的日常生活》这本书，书中描述了161位作家和艺术家的日常生活，看完这本书后，上述的这些印象会被彻底击碎。实际上，那些活跃在一线的人每天都保持着特别有规律的工作习惯。画家查克·克洛斯曾说过：“坐等灵感涌现才开始动笔绘画，那是非常业余的想法。像我们这些职业画家，会把所有的时间都用来进行创作。”而作曲家约翰·亚当斯也曾明确表示，“以我的经验来说，真正搞创作的人，他们的工作习惯都极为平淡，甚至是非常无趣的”。

个性是可以被改变的

我想说的是，我们不应被自己从事的职业所限制，甚至我们的个性也是可以改变的。

我以前总是认为自己是夜猫子和无酒不欢的人。我的家人都是肥胖体质，因此当自己变胖时，就觉得这是遗传体质。

实际上，这都是过去养成的很多坏习惯造成的结果，但这种情况并非不可改变。如果你成了一名极简主义者，却要刻意控制自己得到自己真正想要的东西，那就有点本末倒置了。不要让未来的行为被你的个性所束缚。

STEP 9　首先养成一个核心习惯

在诸多习惯中，有一种可以被称作“核心习惯”。因为只要养成了这一习惯，就会像多米诺骨牌一样，对其他习惯产生积极的影响。所以，这是非常重要的一个习惯。代表性的例子有整理房间、做运动、早起等。

就我自己来说，我的核心习惯就是基于极简主义的理念去整理房间。衣服和碗碟的数量都减少后，换洗衣物和饭后残留的碗碟积压的现象自然就消失了。每次我都会积极主动地去做家务，而且要处理的量也不是很多，所以感觉就很轻松。这样一来，之前一直厌恶的家务活也全部变成了自己喜欢做的事情。即使再讨厌的事物，也会因条件的改变而变成喜欢的。我觉得对某个习惯产生兴趣的契机就在于此。人都喜欢做那种简单又有回报的事情，这些事情能让人很快形成习惯。

极简主义能降低所有习惯的门槛

对物品精挑细选的习惯，让我省去了不少购物和整理物品的时间。节省出来的时间，有益于我养成新的习惯。而减少物品的另一大好处，就是能降低其他习惯的门槛。

例如，房间里的东西变少了以后，让瑜伽垫的使用和收纳变得特别简单，所以让我养成了做瑜伽的习惯。如果去健身房穿的衣服被收进衣橱后找不到了，仅仅因为这一点，我就不想去健身房了。早晨是在一片狼藉的房间里醒来，还是在一个整洁的房间里醒来——心情可是完全不一样的。我认为“极简主义”在养成其他习惯方面有着万能的功效。

也许当你想要培养某个习惯时，会感到困惑，不知该从何做起。我推荐大家先从减少东西开始。适当地减少一些东西，把原本零零散散的物件都丢掉。不必掌握什么复杂的整理术，只需要养成用完就收拾好的习惯即可。

靠运动做减法的人

当然，培养习惯的顺序是因人而异的。有的人首先会让自己养成做运动的习惯。有了锻炼身体的好习惯后，身材会变得更好，穿衣服时也只需牛仔裤与衬衫来搭配就够了。而且，从减少衣服的数量开始，慢慢地也会去减少其他物品的数量。有的人会先从减肥瘦身入手，希望能锻炼出像阿诺德・施瓦辛格那样的身材，然后把事业逐渐拓宽到演员、政治家等领域。

早起的习惯可算是先锋大将

我觉得早起也是非常重要的一个习惯。虽然很多人放学或下班的时间是不固定的，但早晨何时起床却是可以固定的。起床后的那段时间是一天里注意力最为集中的时候。接下来的一天中可能会遇到许多自己意想不到的事情，所以，只有早晨的这段时间才真正能让你自由去支配。

由于我基本上都能保证充足的睡眠时间，所以早起对我来说也不是什么很难的事情。但是，如果是在深夜醒来的话，就会特别容易犯困。

为了解决这一问题，我决定让早起这件事承担起与习惯有关的全部责任。

现如今，我的日记本和手机上的 APP 中会记录各种各样的习惯。但是，在还无法做到早起的那段时间，我常常会将瑜伽和冥想等这些起床后的习惯活动都跳过。就像我在第一章中所说的，无法早起这件事会让人产生自我否定的感觉，从而丧失意志力，并且会让你接下来的一整天都无精打采的。

如果早起失败的话，剩下的习惯也都会土崩瓦解。从这个意义上说，早起的习惯可以算是“先锋大将”。早起是最先出场的大将，如果它战败的话，后续所有的习惯也都无以为继。

把早起这件事的责任看得比以前更重大，这样你才会比以前更有动力去做这件事。起床后立刻去做一做瑜伽，能让头脑很快清醒。在不断重复这一习惯后，你会想着反正5分钟后眼睛就会睁得大大的，索性一股脑儿就从床上爬起来了。

STEP 10　写下自我观察的日记

在所有习惯中，我希望大家能尽早养成的一个习惯就是写日记。其实，写日记就是自我观察的一种记录。我想没有人能在看完本书以后，一次失败也不会经历，就能养成好习惯吧。如果没有连续的失败，就不会真正认识自己的缺点。所以，请将你的失败都记录下来——在何种状况下，以什么为借口才导致了你的失败。这样的话，当类似的状况再次出现时，你就能轻松应对了。

心理学家凯利·麦格尼格尔就强调过反思“选择做出某个行为的那一瞬间”的重要性。你是在何时做出想要养成该习惯的决定的？你是如何编造出种种借口的？这些都要通过写日记的方式记录下来。

了解自己的隐藏倾向

如果不记录下来的话，我们就会对客观事实做出主观的曲解。例如，会出现“带有主观动机的推论”这一心理现象。也就是先决定好“做”还是“不做”，然后再为此寻找理由。

以我自己为例。在努力让自己减少糖分摄入的那段时间，我有时真的忍耐到了极限。所以，我在日记中写道：“并不是一直不让自己摄入糖分，听说如果能给自己设定一个‘放纵日（Cheat-Day）’，偶尔集中性地吃糖，效率会更好。”结果就是，我给自己设定了许多个“放纵日”。而关于喝酒这件事，我的日记上也有记录：“喂喂，听说红酒有燃烧脂肪的效果哦！”“庆祝今天我的书再版，要喝一杯哦！”总是有各种理由。其实，我并不是真的想要庆祝，只是单纯地想喝酒罢了。

一旦找出一个像样的理由后，就再也停不下来了。如果不记录下来的话，可能对于自己在哪个瞬间编造了何种理由这样的记忆也会篡改，导致同样的情况反复出现。而白纸黑字的记录是不会说谎的。“明明只想喝一杯酒，结果却停不下来了”——类似这样的话语曾多次出现在我的日记本上。所以，只有连续做记录，才能让自己深刻认识到自己的缺点。

用明确的界限来控制自己的体重

通过日记来进行自我观察，就能弄清楚自身所隐藏的倾向。我的身高是176厘米，而体重只要一超过67公斤，我就会对自己的肚子和下巴上的赘肉非常在意，很不高兴，这让我很难集中自己的注意力。只要每次体重一超过这个数字，我就会做出完全相同的反应——这是我通过写日记才发现的。因此，“67公斤”就是我体重上的一个明确界限，我会有意识地不去打破这个界限。因此，只有通过写日记的方式做记录，才能客观地了解自己这种微妙的情绪会在何时出现，以后就会避免这种问题出现。

写日记的诀窍就是记录事实

坚持写日记的诀窍，就是只记录客观事实，而不将其美化。然而，很多人写日记就像是在写议论文一样。如果是这样，就太过复杂了，难以坚持下去。举个例子，《安妮日记》并非以“将来要给谁阅读”为前提而写的，但最终却成了畅销书。不过，我也不建议大家都把自己幻想成安妮·弗兰克。你只要知道，你写日记并非为了给谁看，而仅仅是一个能让自己看明白的记录而已。

因为看了表三郎[①]的《日记的魔力》这本书,我才把写日记的习惯坚持了下来。表三郎认为日记首先应该是一种记录，所以，在连续30年的日记中，我记录的都是每天喝了什么葡萄汁、抽了什么香烟这样的事实。毕竟，并不是每一天都能遇到可以写成议论文的大事件，那些琐事倒是每天都在发生。因此，你最开始时只记录客观事实就可以了。比如，几点钟起床的、午饭吃的是什么套餐等。事后看着这些文字，回想当时的状况，也是一件挺有趣的事。

每个人的具体状况都不相同，不断累积的日记内容，就像是专为培养习惯的当事人所建立的“病例档案”。只有基于此“档案”开出的“药方”，才是最适合自己的。

STEP 11　通过冥想来锻炼认知能力

在初期推荐大家养成的一个习惯，就是冥想。理由就是，它可以锻炼大脑冷系统中的认知能力。冥想实际上就是在进行元认知。所谓“元认知”，就是指感知自己正在思考的行为——以第

① 日本著名经济学家、思想家。

三方的视角对自己的行为进行再认知。

就比如，并非自己“好想吃糖果啊”，而是看到了原来有一个“好想吃糖果啊”的自己。

据说人一天中要思考7万件事情，而冥想就是对这种胡思乱想行为本身投以意识，是让意识重回呼吸中的一种行为。所谓“有意识”，就好比是呼吸时的皮肤的感觉。空气进入鼻子里，通过喉咙再进入肺中，然后再返回来，将意识投向身体各处的皮肤。当你尝试这样去做时，就会明白这不是用一般的方法可以实现的。你的意识会很快飞向意想不到的地方。人的内心存在着各种各样的声音，只有坚持做冥想，你才能客观地看待自己的欲望与情绪。因为，冥想就是专注于思考这件事本身的一项练习。

我很快就将冥想也变成了自己的一个习惯。通过收拾整理房间，可以给自己腾出一片整洁的空间来，但是做冥想却并不会立刻让你获得回报。冥想结束后，你只会觉得睁开眼所看见的风景都更清晰了而已。大脑中一直附着的沉淀物都被排空，心情一下子变得舒爽起来。

冥想也可用于治疗酒精依赖症

冥想也可用于对酒精依赖症的治疗。研究显示，通过冥想可以抑制大脑中后扣带回皮质（posterior cingulate cortex）区域的活跃度。而这一区域与我们反复思考同一件事情的行为有所关联。我们总是只思考同一件事情的话，就会产生一种强迫的观念。“自己是个没用的人”“做什么都做不好”——对于这样的自我偏见，可借助冥想的方式，从第三方的角度重新加以审视。

STEP 12　要知道不开工就不会有干劲

问题不在于没有干劲，而是总觉得必须拿出干劲的固有思维。

——奥利弗・布克曼

当我还没有养成每天做运动的习惯时，对我来说，与举杠铃、跑步相比，去健身房这件事本身才是最有难度的。

当我手里举着杠铃时，头脑中从未想过是该离开健身房回家呢，还是做点别的什么好。当我在跑步机上慢跑时，也从未想过是否还要再多跑一步。但是，在去健身房之前，我的头脑中就会充满各种困惑——“今天应该去吗，还是要偷个懒”“今天好像做什么都没干劲呀”。

★难以养成习惯的原因

太过依赖于干劲

问题不在于干劲本身，而是我们总觉得只要等待的话，干劲就会很自然地从某个地方冒出来。脑科学家池谷裕二通过下面的这段话，完美地阐明了这种想法的错误之处。

“如果你不动手去做的话，就永远不会有干劲。当大脑的伏隔核[①]处于活跃状态时，确实会让人感觉有干劲。但是，如果你不真正开始动手做某事的话，大脑的伏隔核是不会变得活跃的。”

总之，我们必须开工做事，才会有干劲。这个过程被称为“劳作兴奋”。让自己去健身房很难，但是只要你真的进了健身房，大脑中就会产生干劲，运动这件事本身就没那么困难了。

坚持下去了就不会感到后悔

只要坚持的是自己当初所要培养的习惯，就不会觉得后悔，这一点很重要。明明自己想养成那样的习惯，但是最终没能坚持

① 也称“依伏神经核”。

下来，这种情况下一定会觉得后悔。但是，当你能够做到早起后，就再也不会抱怨“要是不用早起就好了”；当你能够坚持做运动后，就再也不会抱怨“做运动什么的太耽误事儿了”；甚至当你想要偷懒时，内心还会反问自己“难道你后悔了吗”。

当你面临重要选择时，也是一样的道理。蒂娜·齐莉格[①]就曾说过：“当你为做判断而左右为难时，就多了一份将来能让你侃侃而谈的资本。”当你把自己的人生经历说给别人听时，我想没有人会相信你当初放弃“最想做”的那个选项，是因为“太过忙碌”“预算不足”“觉得自己能力不够”等。

STEP 13　先要降低门槛

要想有干劲，就得让自己先开工。那么，怎样才能让自己开工呢？我认为，关键就是要降低做这件事的门槛。

关于开始做某事的难度，可以借用各种物理现象来分析：要让车轮开始转动，必须使出最大的力气，一旦车轮转起来之后，要保持转动的状态，就无须用太大的力。电车只在起步阶段要用

① Tina Seelig，斯坦福大学的神经科学博士，现任斯坦福大学管理科学与工程系教授。

到发动机，之后就全靠惯性了。火箭在发射升空后的几分钟内所耗费的燃料，要比之后飞行 80 万公里所需的燃料多。

在刚开始学习英语的阶段，由于什么都听不懂，会觉得非常困难，但是随着自己逐渐听懂以后，就会觉得很轻松。同样的道理，要想在转动车轮时使出最大的力气，就必须尽可能地排除各种障碍，比如事先把路上的石头移开。只要车子开动了，之后就会顺利地前行。

从坏习惯的低门槛中学到的东西

一般来说，会让人深陷其中难以自拔的行为，往往门槛都很低。例如，酿酒这件事很难，但是喝酒却很简单。只要去趟便利店，很容易就能买到酒，然后倒入杯中喝就行了。又如，抽烟这件事，香烟既轻便又小巧，只要点燃后用嘴巴去吸就行了。而打游戏、赌博等这些行为，不需要你做大量运动，只需要动动手指头即可。

智能手机也是一样的道理，其体积很小，很容易就能装进衣服口袋里，所以会让人产生依赖性。而在公交车上把大开本的报纸折叠成一小块来读的场景，现如今已经很少见了，因为同看手机比起来，这样的行为还是太麻烦了。将来，为人人都沉迷于手机而感到苦恼的政府可能会制定出这样的法律条文——“手机尺寸不得小于 iPad 的尺寸”。

然而，像野口悠纪雄[①]这样的人，却喜欢蜷缩在沙发上，用智能手机的语音识别功能来写书。所以说，他们在工作中充分利用了智能手机中低门槛的优势。

亚马逊网站降低门槛的做法

我感觉在降低行为的门槛这件事上，一直不遗余力地努力的就是亚马逊网站了。用户可以在其网页上按下“一键下单（1 click）”按钮进行购物，而且该网站还推出了一款物理按钮，供用户点击下单。例如，你可以将这个按钮放在洗衣机的旁边，当洗衣粉用完时，你就可以按下按钮，一键下单。最近，该网站还推出了智能音箱产品，你只需要对着它说一声“Alex！我要买瓶苏打水”，它就会自动帮你下单[②]。

当得知某地区遭遇了自然灾害时，你也许会想要在线捐助吧。此时，你就不得不注册，输入账号和密码，然后填写信用卡账号

① 日本早稻田大学研究生院财经研究所教授，专门研究经济理论、日本经济论等领域。著有《把碎片化时间用起来》等作品。

② 遗憾的是，亚马逊推出的这款智能音箱产品尚未在中国大陆上市。

等信息，你会觉得非常烦琐。而如果是在亚马逊网站上的话，这些内容都会自动帮你保存好，你再用的时候会非常方便。正因为使用的门槛被降到了最低，所以才能让你养成在亚马逊网站上购物的习惯。

可被降低的三种门槛

有很多种门槛可以被降低，如距离与时间、步骤、心理等。接下来，我就依次来进行说明。

首先是距离与时间。在日本“皇居”[①]附近慢跑是件非常快乐的事。但是，如果从家到“皇居”需要坐一个小时电车的话，这就很难使你养成习惯。与之相比，还是在家附近找一个地方慢跑更能让你把这个习惯坚持下去吧。如果是去健身房的话，你也肯定会选择离家最近的一家。所以，如果你想要坚持做某事的话，请先试着缩短与它的距离吧。

接下来是步骤这个门槛。我在培养去健身房的习惯时，首先做的就是将必要的物品减到最少。因为我时常会在家里犹豫“今天要不要去健身房呢”，所以，我试着将去健身房的所有步骤都

① 日本天皇的居所，位于东京千代田区，周边环境非常优美。

列出来，然后思考哪些是可以省去的，以减到最少。

健身房离我家很近，开车一会儿就到。我脑海中浮现出的苦恼是，每次穿脱那种很紧的健身衣，会让我觉得非常烦琐。虽然这是一件小事，但是长期下去的话，就会影响到我的行为。虽然穿上紧身衣后看起来很帅气，但我还是只选择最容易穿的裤子。另外，如果我不愿意自己动手制作运动饮料的话，就只带上水。放果汁的袋子和装换洗衣物的背包等，我也都尽量换成比较容易拿取的款式。你不要小看这些小细节，它会给我们的习惯带来很大的影响。

围绕降低步骤的门槛，我还有一些比较有趣的建议。马拉松选手谷川真理曾告诉我，如果想要养成冬天晨跑的习惯，最好在睡衣里面穿上能立刻出门跑步的衣服。的确如此，冬天早晨起床后，如果消除了穿脱衣物时的那种寒冷和烦躁感，会让你更容易养成晨跑的习惯。

心理上的门槛也是不容忽视的。例如，我最开始去瑜伽教室时，心理上有各种各样的门槛，如“我的身体太僵硬了，也许会被大家笑话吧”“要是男学员只有我一个人的话，该怎么办啊”，等等。

但我想每一个初学者心理上都会有类似这样的门槛吧。在练瑜伽这件事上，这些都是十分常见的疑虑。无论多大岁数，你都能通过瑜伽练习使身体变得柔软一些。与那些身体原本就比较柔软的人相比，那些身体僵硬的人更能体会到身体变得柔软带来的乐趣。摆出各种高难度的姿势，并非我们练瑜伽的真正目的，让身心保持健康才是最终目的。让自己习惯于去瑜伽教室做练习以后，说不定男学员很少这件事还会让你感到高兴呢。

STEP 14 门槛胜过内容本身

当有大量的信息出现在眼前时，我们会变得非常急躁。打开一个网页后，有 9% 的人停留时间不会超过 2 秒钟，而近 40% 的人在浏览了 5 秒钟后就会关闭这个网站。

即使网页上的内容非常有趣，或者展示了非常棒的商品，但如果需要花时间才能浏览完的话，人们是不愿意坚持看下去的。

当你想写日记时，如果 Word 迟迟打不开的话，就会有一种挫折感吧？因此，我为了养成写日记的习惯，每次都只使用操作系统自带的记事本。其打开速度很快，而且很少报错，不会让我产生放弃写日记的念头。涉及日期的内容，只需要用谷歌日语输入法输入“今天”“明天”这样的内容，就会自动切换成对应的具体日期，非常简单方便。

人的干劲往往在遇到一些小门槛后就不知逃到哪里去了。

决定做手术或捐献器官也是一个门槛

行为经济学家丹·艾瑞里曾经举了一个例子，非常具有冲击力。

他说，在讨论人造股关节手术的时候，只要还有一种药物没有尝试过，大部分医生就不会选择做手术。但是，当可选项变成两种药物时，很多医生反而会选择实施手术。也就是说，仅仅因为眼前稍显烦琐的治疗方案，医生就会索性选择实施手术。

在捐献器官这样的重大问题上，也是同样的情况。

当你告诉对方请在“希望捐献器官”的选项上打钩确认时，往往确认捐献率会有所下降；而如果你跟对方说请在“不希望捐献器官”的选项上打钩确认时，确认捐献率反而会有所提高。所以，当捐献器官这样的难题摆在眼前时，人们往往更倾向于维持默认的状态，而保留自己的主观判断。

STEP 15　提高坏习惯的门槛

开心果的果壳比较难剥，但是和其他普通的坚果相比，反而能防止你过量食用。我将其称为“开心果理论”。如果你想戒掉某个习惯的话，可以试着去找一找有没有类似开心果果壳的部分可供利用，也就是提高这一习惯的门槛。

我自从在智能手机上安装了 SNS（社交网络）后，就会频繁地去看上面的消息。因此，如果我不下载这个程序的话，就只能打开浏览器来看了。而且每次浏览完后，还得手动注销社交账号。

这样一来，如果过会儿又想看的话，就得再次输入账号和密码登录。通过这样二次认证的步骤，人为地给自己设置了门槛。

在我准备大学入学考试那阵子，由于没有养成学习的习惯，所以就想办法让自己不要那么容易逃避学习。我背靠墙坐在椅子上，感觉就像被书桌和墙壁紧紧夹在中间似的。当我想偷个懒时，就必须把沉重的书桌推开，才能从椅子上起身站起。我一看这么麻烦，就只好继续学习了。这一做法带来了非常好的效果。

通过物理的方式束缚住自己，这一方法在很多场景中都很有效，比如：

· 睡觉前故意将手机放在较远的位置，这样早晨起床时就没办法立刻用手机。

· 停掉信用卡，只用借记卡，这样能减少乱消费的现象。

· 如果家里没有电视机的话，也就不可能出现看电视打发时间的情况。

格雷琴·鲁宾在《如何培养能改变人生的习惯》一书中也介绍过一些制造门槛的做法：

· 为了防止进食速度过快，可以用反手来吃饭。

· 让强盗撬开金库后，发现里面装的只是巧克力（为了防止暴饮暴食，我会把坚果放在车里，而不是厨房里）。

· 作家维克多·雨果让用人把自己的衣服都藏起来，这样就没法出门了，便能让自己专心于写作了。

· 在宾馆登记入住时，有酒精依赖症的人会特意要求客房里不要放酒。

意志力不可信

> 我们对所有事物都有抵抗力，唯独面对诱惑时不行。
>
> ——奥斯卡·王尔德

这些制造门槛的做法都源于一点，那就是自己的意志力是最不可靠的。在我们不可能战胜诱惑的前提下，才能冷静地面对自己的弱点。

最残酷的一个例子，就是希腊神话《奥德赛》中的故事。人们会被海妖塞壬的歌声所魅惑，然而听了歌声就会死亡。因此，主人公奥德修斯就把自己绑在桅杆上，让自己动弹不得，并且还对他的手下说："若我恳求你们松绑的话，你们就要把我绑得更紧些。"

漫画《明日之丈》[①]中的力石彻也做过同样的事情。力石彻在严格的减重过程中，曾要求"把我关在自己房间里，并用钥匙把门锁上"。果然，在真的锁上门以后，房间里就传来了"快把门打开"的叫喊声，但他还是坚持了下去。

STEP 16　初期要舍得花钱

我从去年开始学习演奏古典吉他。市面上的吉他什么价位的都有，普通入门款的一把两三万日元，高级的一把几百万日元，而我通常会选稍贵的那一种——当然，也得是在自己的预算范围之内。最终，我买了一把 6 万日元的吉他[②]。

当人们开始学某种乐器时，会想着先买个便宜点的，等学会了以后再升级。有这样的想法当然没错，但是，如果我们能为此

---

① 是由高森朝雄原作、千叶彻弥所绘的拳击漫画。

② 当时折合成人民币约4000元。

下大血本，那么当我们想偷懒放弃时，也就于心不忍。因为你最终没有学会，但是花出去的钱却一直浮现在你的脑海里，让你心痛。另外，多花点钱买一样好乐器，其材质和设计会更棒，更能激发出你的学习欲望。

先从“外表”入手也是有益于我们养成习惯的。比如做运动时，事先准备好合身的衣服，能让你更好地扛过最初的艰苦期；把家里的扫帚替换成手工制作的精致产品，会让你更愿意去完成烦琐的清扫工作；买一把赏心悦目的雨伞，这样即使是梅雨季节，也能让自己心情愉快。

★难以养成习惯的原因

缺少“那个”就不行

据说手冢治虫[①]在绘制漫画原稿时，每次都会准备各种各样的物品。比如,手边没有哈密瓜的话,就画不出来;一定要买到“下北泽”牌的红碗泡面，才能安心作画。也许他是为了完成多得吓人的工作量，才故意这么做的吧。

① 日本著名的漫画家，代表作有《铁臂阿童木》《森林大帝》等。

我自己也是这样。每次在开始登山之前，如果还没有把必要的工具都准备好，就会感觉特别烦躁。准备一样能让自己心情变好的工具确实很有效果，但有时也不会想那么多，就直接先去登山了。

STEP 17　分解任务

把工作向前推进的秘诀，就是首先让自己开始动手去做。而让自己开始去做某事的秘诀，就是将那些复杂的工作分解成一项项容易处理的小任务，然后从最简单的那项开始做起。

——马克·吐温

马克·吐温的这句名言道出了分解任务的精髓所在。我们就是要将烦琐的工作分解成一个个小任务。

那些让你感觉烦琐的工作，往往都是由具体的多个步骤组成的。我给大家提个建议，如果对某件事情产生畏难心理的话，可以先将所有必要的步骤都列出来。例如，开始去健身房锻炼这件事可以分成以下几个步骤：

□购买健身服

□购买果汁

□了解每月的会员费用，挑选健身课程

□拿着身份证去办理会员卡

□学习储物箱和健身器材的使用方法

当你觉得麻烦时，你的头脑中会反复琢磨这些步骤——“要去健身房锻炼的话，首先必须买一套健身服，还得想想选择什么样的健身课程。健身器材的使用方法也比较复杂……不管怎样，首先必须得有一套健身服才行”。像这样思来想去，又回到了最初的步骤上，或者一直因为同一个问题而烦恼。如果你把这些步骤都写下来的话，就会发现真正在头脑中萦绕的问题将变得特别少。哪怕一天想通一个问题，你也能走到终点。

克服对蛇的恐惧

心理学家班杜拉曾开发出一种在短时间内治愈恐惧症的方法。例如，在治疗对蛇感到恐惧的患者时，就会像这样来分解任务：

如果一开始就问对方“如果隔壁房间里有一条蛇的话，你愿意过去吗”，大部分人都会回答“不愿意”。因此，首先要通过单面镜让对方看到隔壁房间里的情况。此时就像是在动物园里一样，观察者本身是很安全的。然后，让患者移动几步，从敞开的大门中向内观察。习惯了以后，患者可以再挪动几小步，戴上厚厚的皮手套去触摸蛇。当患者触摸了蛇以后，有的人会表示“这条蛇看起来很漂亮啊”，有的人甚至敢把蛇放在自己的腿上。

在这个例子中，倘若一开始就让患者去接触蛇的话，肯定会很难。而一步步地不断深入，他们会消除这种恐惧，甚至会做出自己未曾预料的行为。

对早起这件事进行任务分解

让自己早起的诀窍也是一样的。我们最终想要实现的目标就是一把将被子掀开，一下子从床上坐起来。但是在寒冷的冬天里，这太难做到了。所以，我们可以按照下面的方法一步步来：

□首先把眼睛睁开（身体仍躺着）

□接着把被子只掀开一半

□然后起身坐在床上

□再从被窝里伸出一条腿

告诉自己，当你从被窝里伸出一条腿时，又有了强烈的困意，那就把腿收回来。很多人明明已经起身坐在床上了，但又会睡回笼觉，其实并不是自己想要再睡会儿，而是在整个起床的过程中眼睛一直处于没有睁开的状态。

成功与女生约会

斯蒂芬·盖斯在《微习惯》一书中曾经介绍了与心仪的女孩约会的方法，我觉得这是一个很好的分解任务的例子。

书中是这样说的："首先，让你的左腿朝着女孩所在的方向迈出一小步。接着，让你的右腿迈出一小步。像这样，径直走到她面前。她肯定会问：'你走路的样子为何这么奇怪？'这就为你们找到了一个可以开始交谈的话题。"

STEP 18 把目标分解成特别简单的小任务

有趣的电玩游戏让人停不下来，就是因为其在难易度的平衡上有着绝妙的设定。一开始总是最容易的，随着玩家不断成长，游戏难度也不断加大。而要想获得接下来的成长回报，就必须投入更多的时间来玩游戏。

在某个瞬间，我也想过把打游戏的习惯给戒掉——特别是在好几次都打不赢关底大 boss 的时候。其实，我们会想要停止做某事，往往都是在无论怎么努力也得不到回报的时候，而不是在获得回报和满足感的时候。从某种意义上说，习惯就是一种“劣质游戏”。一开始它的难度就设定得非常高，大 boss 也很早就登场了。因此，我们必须学会自己降低难度。

有的人之所以做事只有三天的新鲜劲儿，主要原因是没有把难度降低到适当的水平。比如，制定了新年目标，直到正月结束时还感觉自己干劲满满，但是渐渐地就失去信心了；给自己制定了好几个目标，然后努力奋斗，也许在之后的几天里感觉自己的生活有了一些变化，但是在这个过程中，发现自己越来越束手束脚。这些都是因为一开始把难度设定得太高了。

★难以养成习惯的原因

不想面对困难

假设把每天做 30 个俯卧撑和慢跑 3 公里当作自己的新年目标。这个目标本身是很合理的，也许刚开始的三天还能坚持，但之后越来越不想坚持。原因就是在动身之前头脑中就会浮现出“俯卧撑还差最后两个时那种肌肉酸痛的感觉”“慢跑到一半时气喘吁吁的样子”。当然，只坚持几次并不能让身体发生实质性的变化。所以，你就会对这件事产生畏难心理，总是给自己找一些借口，最终放弃了。这就是所谓的“不想面对困难”。

顺带着去做某事

之前我们已经说过，让自己开始做某事才是最困难的。只有真正开始做了以后，头脑中才会产生干劲。

整理房间也是一样的道理。在开始之前，自己还会犹豫到底要不要做，但是一旦开始了之后，就会埋头于清扫各个犄角旮旯。就像僧人永井宗直曾说的："你是不是只想着把抹布拧干，然后将各个地方都擦一遍？”

《微习惯》的作者斯蒂芬·盖斯给出的建议是“将目标分解成特别简单的小任务”。即使你想要设定的目标是一件很简单的事情（例如做 30 个俯卧撑），也要先从最小的任务开始，比如先做 1 个俯卧撑。如果把这个定为目标的话，我相信你肯定不会有什么困难，甚至会想着既然已经做了，那干脆就顺带着再做 10 个俯卧撑吧。

★难以养成习惯的原因

因失败而自我否定

在培养习惯的过程中，最重要的是不要产生自我否定的感觉。正如第一章中所说的那样，像自我否定这样的负面情绪，会有损你的意志力，并对接下来的行为也产生负面影响。若将目标设定为“只做 1 个俯卧撑”，即使当天因为忙其他工作而真的只能做了 1 个，也不会产生自我否定的感觉。因为自己所设定的目标确实实现了。

我在犹豫的时候，也是不管怎样，先把去到那个场所开始做这件事作为自己的目标。我也常这样对自己说：“先走进健身房，穿上慢跑鞋，如果那一瞬间还是不想锻炼的话，那就当即回家，也没事的。”

为本书绘制插图的山口君举过一个他朋友的例子：每逢周一的时候，他就会忧郁，不想上班。这种时候，他就会把今天的目标定为“去公司，然后坐到椅子上”。实际上，如果能让自己坐到椅子上，也就自然而然地开始工作了。

不想写的日记

女演员小林凉子[①]为了学习外语，已经坚持用外语写日记5年多了。当然，这期间也有过“今天不想写日记”的时候。每当这时，她就先在日记上写下“今天不想写”，接着写出不想写日记的理由，如“因为昨天的工作实在太累了”等。这也是一个让自己坚持下去的小技巧吧。

STEP 19 就从今天开始

如果想着明天再去做的话，那你就是个笨蛋。

——摘自电视剧《求婚大作战》

当人们想要养成某个习惯时，总是会拖到最后一刻才真正开始去做。例如，制定新年的目标这件事。为什么一定要在12月27日以后才开始制定自己的新年目标呢？难道说，在更早一些，比如11月15日左右开始思考来年的目标，就真的没有效果吗？

① 模特、演员。代表作品有《平成卡美拉2》。

★难以养成习惯的原因

总想拖延到最后一刻才开始

例如，早晨在公司里工作时总是磨磨蹭蹭的，想着“等下午再努力工作吧”“等明天再努力工作吧”。由于变得懒惰了，所以总是把工作拖延到最后一刻才开始去做。

季节有时也成了我们做事拖延的借口。因为冬天太冷了，还是等天气暖和一些后再开工吧。但是，等到春天真的到来时，又会把“花粉症”或者“节后症候群”当作新的借口。梅雨天雨水太多，夏天酷暑难耐，秋天让人感到伤感等，都成了我们做事拖延的借口。对丁日本的季节，如果你想吹毛求疵的话，估计一整年中任何时候都能挑出刺儿来。

人们之所以总会把事情拖到最后一刻，就是因为只要一想到是从明天或者下周才开始，那么中间这段时间自己就能沉浸在放松的状态中了。而且,人们总是倾向于把事情拖延到“明天”。“从明天开始”可以说是生活中最常见的一种托词。

你会想着:明天再做吧,以后再看吧,未来某个时候再开始吧。但是,“今天”在“昨天”看来,不就是“明天”吗?不就是在“上周”看来的“以后”吗?不就是在“上个月”看来的“未来某个时候”吗？所以，就从今天开始吧。把目标设得小一些就可以了，这样很容易就能实现。

STEP 20 简单到每天都能做到

是去，还是不去？答案是显而易见的。

只能是“去”。

——摘自漫画《全能格斗士》[①]

当你想要戒掉某个习惯时，最简单的方式就是从某一时刻起完全不再去做；而当你想要养成某个习惯时，最简单的方式就是让自己每天都去做。

对体力做加法，往往会让人觉得很有难度。例如，比起每天都跑步，一周跑一次的方式更能令人接受。并非每天都要跑步，只需要每周跑 2—3 次，或者每两天跑 1 次。人们在培养习惯时，都会选择用这种方法来逐渐提高难度。而事实是，这种做法反而会使培养习惯的难度变得更大。那么，这是怎么回事呢？

---

① 日本漫画家远藤浩辉创作的漫画作品。

假设我们想养成一周慢跑 2 次的习惯，我们可能会想“今天是要跑步的日子吗？之前是哪一天跑的”，还会做各种计算，比如“虽然按计划今天要跑步，但是实在提不起精神来，那就下周多跑一天作为补偿吧”。在这个过程中，我们需要做出选择和决断，这就陷入了先前说过的靠意志做决定的状态。

每天不要犹豫

只有决定了每天都跑步，才不会再有思考今天要不要跑的烦恼。

而且，在每天都坚持跑步的过程中，心态也会很自然地发生转变——从“不想跑”到“想要跑”。我认为“每大都做”是培养习惯的所有步骤中的精髓所在。

我们要做的是降低难度，而不是减少频次。为了养成习惯，我们要让自己坚持每天都去做。当有一天无须旁人催促，自己就能自发地想去做时，才可以适当地减少频次。

当然，有些人的体质确实不适合跑步。在这种情况下，可以先规定自己每天都散步 500 米。或者，也可以设定很小的目标，如只要每天都能换上跑步鞋。如果能养成提前一站下车走路回家的习惯，那也是很了不起的。

每天不做就无法形成下意识的动作

虽然我总是学不会给吉他换弦的方法，但我感觉这应该和系鞋带的难度差不多。明明我每次都能够下意识地系好鞋带，为什么每次换吉他弦却要照着教程去做呢？

如果说二者有何区别的话，那就在于频次了。自己每天都要系鞋带，但吉他弦可能几个月才需要换一次，所以才会记不住。

虽然现在很少需要打领带了，但是打领带的方法我仍没有忘记，可以很好地完成。这是因为在找工作那会儿，几乎每天都要自己打领带，当其变成一种下意识的动作后，自然也就被大脑记住了。

★难以养成习惯的原因

认为明天的自己是超人

由于疲劳或者突发状况，会让人想把今天的事情留到明天再做。人们往往会觉得明天的自己将是一个不同于今天的自己的人，会像超人一样浑身充满了能量。未来的自己总会比现在的自己要充满干劲。刷信用卡的行为就是这种想法的最好体现。虽然今天的自己购买了这个商品，但是未来的自己一定能偿还或者节省出这笔钱。

关于这个问题，还有一个有趣的故事。当麦当劳餐厅在菜单上加上沙拉后，巨无霸汉堡的销量出现了惊人的增长速度。原因就是大多数消费者觉得虽然今天的自己吃了一个巨无霸汉堡，但未来的自己肯定会更理性地选择沙拉。仅仅是在菜单上添加了一个沙拉的选项，便让今天的自己有了心安理得的理由。

我自己在失败很多次后，仍相信明天的自己会不一样——由此可见，这种想法是多么根深蒂固。关键是大家要记得：明天的自己与今天的自己其实是同一个人。

如果永远重复今天的话，会怎样呢?

史蒂夫·乔布斯在33年里坚持每天早晨都自问“假如今天是人生中的最后一天，我会想要做什么”。我也模仿他这样做过，但是最终没坚持下来。当我想要培养习惯时，我会这样来自问:“如果今天会永远重复下去的话，我希望度过怎样的一天呢？”我并没有将明天的自己视作超人，而是默认其会同今天的自己做出一样的选择。所以，如果你今天想着“留到明天再做吧”，那么这种状态就会一直重复下去。

作曲家希贝尔·帕特瑞吉曾用“只为今天，我要很快乐”这样的词句，写出了《只为今天的十条谏言》。不要总想着明天再去做，而是今天就把它完成，因为明天的事情谁也说不准。况且，当明天真的到来时，你可能又会是同样的想法。

STEP 21　不要即兴制造例外

即使是每天固定的习惯，也会遇到一些预料之外的事情。比如家人病倒、婚丧嫁娶等。像在圣诞节、春节这样的节假日里，往往会想让自己尽情地享乐，从而忘记了原有的习惯。重要的一点是，不要让自己到了那种场合后再即兴给自己制造例外，而是要在事前就考虑到例外情况。

★难以养成习惯的原因

等到当天才给自己制造例外

如果想给自己奖励的话，不要突然选在今天，而是明确地定在明天。否则的话，就像先前所说的那样，明天又会是和今天一样的想法。事先决定了以后，就相当于遵守了与自己的约定，因此也就不会产生自我否定的感觉。当诱惑摆在眼前时，人们会想“这次就当是个例外”“因为今天是个特别的日子，所以没事的”。但是，如果一直这样下去的话，什么习惯都会被破坏掉。

考虑同平时一样的条件

虽然我特别喜欢旅游，但当我处在培养某个习惯的阶段时，则会很少出门旅行。因为在习惯还没被巩固之前，旅行中不同于日常的外部环境，会有破坏习惯的可能性。在旅行和归来的途中，一些外部条件会发生变化，例如，没有健身房、没有瑜伽垫、没有图书馆。当然，也有未发生变化的外部条件，例如，即使是在旅行的地方，我也能自己决定早起的时间。生活节奏一旦被打乱，要想再恢复就会特别麻烦。因此，即使是在旅行中，我也仍然会坚持早起。除此之外，我还会一直把电脑随身带着，每天更新日记。虽然手边没有瑜伽垫，但可以在被子上做“太阳礼拜”。

英国历史学家爱德华·吉本即使是在服兵役期间，也从未中断过自己的研究。他在行军途中也捧着贺拉斯[①]的书，在帐篷中也不忘翻阅与宗教有关的学说著作。伟大的人物自有其伟大之处，

① 罗马帝国奥古斯都统治时期著名的诗人、批评家、翻译家，代表作有《诗艺》等。他是古罗马文学黄金时代的代表人物之一。

更有值得我们学习的地方。

例外是习惯的重要调味品

当你出门旅行时，在这短暂的时间里，无法继续去做日常的习惯行为，其实对于你养成习惯也有好处。说到习惯，当然应该是每天都会去做的事情。对我来说，随着时间的推移，早起时所感受到的成就感会变得很少。有一次，我完成了一趟五天四夜的旅行。即使只出去了这么短的时间，当我回来以后想要重新恢复平时的习惯，还是费了一番功夫。

也许你对工作、健身等有过畏难心理。但是，当你做到了以后，那种刚开始养成该习惯的成就感又会重新出现。而且，当你重新恢复了以前的习惯后，安心的感觉也会油然而生。像这样，偶尔的例外能让你重新找回某个习惯的新鲜感，就像做菜时的调味品一样，充满了惊喜。

STEP 22　正因为不擅长，所以才享受其中

10 年后的你肯定会说，哪怕只让我倒回去 10 年，能重新来

过也好。

那不如现在就重新去做吧，何必等到未来后悔呢！想象一下今天的你就是从 10 年、20 年，甚至 50 年后返回到这里来的。

——作者不详

曾经有人告诉了我上面这段话。我还听过一位 90 岁的老奶奶为自己的人生而感到后悔，她说 60 岁的时候想开始学习拉小提琴，但当时觉得太迟了，便放弃了。可是，如果那时真的开始练习的话，到现在也足足演奏了 30 年了。

★难以养成习惯的原因

总觉得现在开始太晚了

我是 37 岁才开始学习弹吉他的。我也曾想过为何不在 15 岁的时候就开始学呢？当我 37 岁开始跑马拉松时，也曾想过倘若在 20 岁身体状态最好的时候开始练习的话，现在肯定是无敌了。

但是对我来说，自己所体会到的那种满足感，并不在于自己的吉他弹得有多棒、能不能提高马拉松的成绩。

我认为，初学者完成简单的任务与高手挑战成功高难度的任务，二者所带来的满足感其实是完全相同的。喜悦并非源于结果，所以，让自己毫无畏惧地放手去做就好。开始的最佳时机就是现在。我今后还想学习演奏钢琴，如果我坚持弹 30 年的话，肯定能达到一定水平。

之前我说过，你可能想要开始练习瑜伽，但总是无法付诸行动。这种时候,最典型的借口就是身体太过僵硬。然而,你知道吗?正因为身体僵硬，你才能更好地享受瑜伽。像舞蹈演员那种原本身体就很柔软的人，当然能够很快掌握瑜伽的姿势。但是，瑜伽原本强调的是身体与心灵的结合，仅仅能摆出姿势并非真正的目的所在。

身体僵硬的人，会对自己的身体倾注更多的意识，会特别注意骨骼发出的各种声响。也就是说，他们能关注到自己的身体正在发生着变化，没有比这更令人高兴的事了。越是身体僵硬的人，越能享受练瑜伽的乐趣。

STEP 23　设定触发要素

当你想要培养新的习惯时，一个比较有效的做法，就是将每天都在坚持的旧习惯设定为新习惯的触发要素。

我的一个朋友每天在用电吹风吹头发时，都会做一做拉伸运动。当你想整理房间丢弃一些不用的东西时，我的建议是可以边刷牙边整理。因为刷牙的时候另一只手也不用闲着，而且一般我们刷牙都要 3 分钟左右，可以利用这段时间在房间里走一走，看看哪些东西是不用的。

★难以养成习惯的原因

没有触发要素

虽然自己急着想学会收拾整理的方法，但是也并没有到迫在眉睫的地步。如果能掌握英语能力，自然是件好事，但这也并非日本公司中必需的生存技能。把这些事情培养成自己的习惯是非常困难的，毕竟这些事情都不是“当务之急”。所以，我们需要有意图地为开始做这些事情设定触发要素。

例如，我决定将上班前的时间都拿来学习英语，因此，一旦去英语培训班学习迟到，我就会有种罪恶感。这样，我就会让自己准时开始学习。

我每天的早餐中都要加点酱菜，但是在形成习惯前我总是会经常忘掉。为了达到目的，我用的方法就是将看见鸡蛋当作触发要素。因为我每天早饭都会吃鸡蛋，所以当我看见鸡蛋时，就会马上想起来再加点酱菜。这就像是给自己设定了一个程序——“只要看见 ×× 就去做 ××”。之后，再慢慢将习惯的触发要素转变成每天都吃酱菜这一行为本身。

将习惯像锁链般串联起来的连锁反应

我每天早晨一起床，就能看到昨晚临睡前铺好的瑜伽垫，这就是让我开始练习瑜伽的触发要素。做完瑜伽后，我会坐在垫子上进行冥想。当我将瑜伽垫收到床底下时，会看到地板上很脏，这就会触发我去打开吸尘器。打扫完毕后，这种将东西收拾干净的过程又会触发我去冲个澡。

像这样，每一个惯例行为做完以后，就成了让我开始做下一个习惯行为的触发要素。这些习惯就像锁链般被串联在一起。我把这称作“连锁反应”。

写给自己的信

对于起床后最先要做的事情，我会在头一天晚上就做好准备工作。冬天的时候，为了能更容易地起床，我会事先设好暖气的定时器。每次在健身房锻炼完我都会有饥饿感，所以我会事先冲好蛋白质粉，以便回来后能立刻饮用。

为即将要努力做某事的自己提前做一些准备工作，这种感觉就好像是在空闲时给自己写信一样——向自己传递出“今天也要加油哦”“辛苦啦”这样的信息。

STEP 24 固定划分时间

一个明确的计划安排，能把你从选择之苦中解救出来。

——索尔·贝洛

各种触发要素中，比较有代表性的就是时间。为了早晨能起床而设定闹钟的人，应该都是这么想的吧。闹钟响起的声音就是起床这一行为的触发要素。

学校的授课都是按课时来划分的。上课铃响起就意味着要开始授课了。这种按课时划分时间的方式，也很适用于成年以后的生活。我不仅会为早起设定闹钟，连晚上就寝的时间也会定好一个闹钟。早晨起不来的主要原因，就是睡眠时间不够充足。很多人会在临睡前做一些娱乐放松的活动，但是一旦太过沉迷其中的话，就会使就寝时间被打乱。因此，我们需要设定一个“提醒上床”的闹钟。

我在培养习惯时，会将一整天都划分成不同的时间段来过。9 点半去图书馆，11 点半吃中午饭。上床睡觉的闹钟会在 21 点半时响起，而第二天早晨 5 点起床的闹钟也会准时响起。

行为心理学的开创者斯金纳如同做实验一样，规划了自己的生活作息时间。他会以闹钟为信号开始写作或停笔，还会用秒表来统计自己坐在书桌前的总时长，每 12 小时记录下自己所写的单词数量，并绘制成图表，这样就能准确地了解自己每小时的工作效率。某天，他注意到自己差不多会在夜里醒来一次，于是便在那个时间点也设定了闹钟，以便让自己起来去写作。

按固定时间行事看起来很傻吗

由于我过着一个人的单身生活，所以最爱这种自由自在的状态。以前，像这种按固定的时间去行事的做法，在我看来就像个傻瓜。只有放暑假前的小学生才会给自己制订作息计划。但是，记忆中我似乎也从来没有照那个计划去行事。如果突然想去做某事的话，该怎么办？如果说这种自由也受限于固定的时间安排的话，实在是难上加难啊。

然而，如果不事先决定好起床的时间，那自己就会一直躺在床上思考：应该现在就起床吗，还是再睡一会儿呢？如果没有一个明确的就寝时间，那自己就会陷入连续剧和漫画中，总想着“再看一集就好”。

和第二天一早的“后悔”相比，人们更倾向于选择“眼前的回报”——正因为有这种“双曲贴现”的心理，所以才会这样做。

规定好上网的时间

例如，我会在早晨上网浏览新闻或刷新 SNS（社交网络）上的状态。由于互联网上的内容非常吸引人，所以我会给自己规定好时间，时间一到就停止。我的朋友也曾在推特上发帖说：

“只是想查一个不懂的英语单词，结果不知不觉就看了 10 分钟火山喷发的视频。”

“本来是要搜索有关简易照明的内容，等自己回过神来时，才发现一直在看野营求生的视频。”

大脑就是这样三心二意，总是会不断地冒出好奇心，而且彼此都是毫无关联的——从英语单词到火山、从照明到求生……而互联网上所提供的海量信息，恰好催化了大脑的这种兴趣转变。所以，我们必须事先给自己规定好上网的时间。

作家和艺术家的作息其实都很规律

在前文提到过的《天才们的日常生活》一书中，大部分天才其实都过着作息规律的生活。几乎所有人都会早起，利用一整个上午的时间从事创造性的工作。

例如，画家弗朗西斯·培根，认识他的人也许都见过他那被绘画工具堆得毫无空隙的画室。也许在很多人眼里，从他的画室到他个人激进的作风可以看出，他过的应该是极为奔放的生活。而实际上，他对自己的工作时间有着明确的规定——从黎明时起床到正午的这段时间。在那段时间之外，可以说他确实过得非常奔放自由。

在本书的一开始我就说过，我在成为一名真正的自由职业者后，才体会到过度的自由会带来痛苦。所以，从某种程度上来说，我需要用划分时间的方式来进行自律。

由此可见，天才并不是一时兴起才会去工作的，他们会明确地规划好自己的工作时间，并坚持执行下去。

截稿日期带来的效果

截稿日期，从长期来看，也具有类似划分课时的作用。我在当编辑的时候，很长一段时间都被所谓的“截稿日期”搞得很头疼，经常想，要是当初压根儿就不设定什么“截稿日期”该多好，那样就可以等书稿全部写完后，再决定出版发行的日期。现在看来，那就是一个不可能实现的美梦。

我虽然很厌恶截稿日期，但自己的想法也会有一些转变。任何事物都有天使的一面，也有魔鬼的一面。必要时，截稿日期就像是一个上司般的存在，会严格约束自己。仔细想来的话，人生本就有“寿命”这样的期限。也正因为有期限存在，我们才不想每天都过得碌碌无为。

通过规划时间来了解自己的界限

事先规划好自己的时间，还有很多其他的好处，比如能正确把握自己一天能完成的工作量。

据某项研究显示，人在做事情时，那些自认为能够完成的目标，总是会花上 1.5 倍的时间才能完成。也就是说，人们会高估自己的能力。心里想着 10 天就能做完的工作，实际上却总是要花上两周的时间。这也是对自己的另一种“超人式幻想”。

在我还是一名编辑时，总想着如果选择没有任何人打扰的周末去上班的话，一定能完成很多工作，但实际上往往这些工作都不能顺利地推进。我总想着如果明天好好休息一整天的话，就能看完好多书。在出门旅行时，因为害怕没有书读，会在箱子里装满各种书，结果一本也没看完。之所以会留下那么多没看完的书，就是因为高估了自己的阅读量和兴趣的持续时间。

明确自己做不到的事情

当我们规划好每天的时间，并且按照这种安排去执行时，就能弄清楚自己到底能完成多少工作；也能清楚会产生多大的疲劳感，需要多长时间才能从这种状态中恢复；甚至还能知道，每天的惯例行为达到什么样的程度，才能让自己有满足感。

当总量接近极限时，如果还想再加入什么新的习惯，那就只能先对旧有的习惯做减法了。我是那种兴趣爱好十分广泛的人，可现在尽量不再增添新的爱好了。有时，我会想在轻型卡车的基础上 DIY 一台移动房车，但我也知道无法从每天固定的时间中腾出一点来做这件事。要是以前遇到这种情况的话，我肯定会责怪自己没用。但是，由于现在都已经规划好了每天的时间，能清楚地知道实在是无法腾出时间了，所以会优先考虑做其他事情。

按照规划的时间去做事，能让以往那种“自己的能量”“一天所能做的事情”等含糊不清的总量变成“可视化”的内容。为了不让自己过度消费，首先必须确认账户里的金额，同样，事先了解自己的界限在哪里也有十分重要的意义。忙碌的学生和社会人群在周末时也要规划好时间。像暑假前的孩子那样，思考如何有效利用时间去做各种各样的事情，这也是非常有意思的一件事呢。

规定好烦恼的时间

如果不把一天中的时间划分清楚的话，那么“烦恼的时间”或“不安的时间”就难以被区分出来了。

严格按照规划的时间去行事，就意味着在这段时间里所要做的事情是事先就决定好的。如果不规划好工作的时间，那就相当于把一整天时间都用来工作，这太令人烦恼了。

按照规划的时间去做事，就不会存在物理意义上的“烦恼的时间”。因为“思考”和“烦恼”这些东西并不会在我们做事情的时候出现，而恰恰是在我们停下手中的事情的时候。适当的烦恼当然也是必要的。不过，还是要减少那种反复为同一件事情而纠结烦恼的时间。

我们会由于各种原因而难以形成某个习惯。这种时候，不要偏执地觉得因为 ×× 我才没能做到，而是要把 ×× 当成优先考量的事情。例如，不要认为自己因为忙工作上的事情，而影响了对习惯的培养，而要知道自己优先考量的还是工作上的事情。比起做运动和读书这些事情，有人会优先考虑子女教育的问题。所以，如果你总是认为“都是 ×× 的错”，就会给自己带来极大的伤害。

STEP 25　任何人都没有长久的注意力

我在撰写本书时，测算过自己的注意力到底能持续多长时间。我统计的就是自己的注意力发生转移，即双手从笔记本电脑的键盘上移开，到重新放回去这个过程经过了多长时间。平均算下来，我有 20 分钟的时间是处于注意力不集中的状态。但实际上可能并不是这样。

TED 演讲大会的一个话题时长被设定为 18 分钟。这么做的原因就是，无论多么有趣的话题，人们能够集中注意力去听讲的时长就只有 18 分钟。

虽然有像“番茄工作法”那样让自己集中注意力的方法，但大体上注意力所能保持的时长是相同的。你可以设定一个 25 分钟的定时器，在这期间让自己专心工作。时间到了以后，让自己休息 5 分钟，然后继续工作。像这样反复 4 次后，就要让自己休息两个小时。

即使是在冥想的过程中，明明想让自己心无一物，但是意识还是会跑去某个地方“散步”，让人开始胡思乱想。意识原本就是这样一种东西，所以我们很难长时间地集中自己的注意力。

按规划时间工作的方法，在解决注意力难集中的问题上也具有一定的效果。《习惯的力量》的作者查尔斯·杜希格每天会花 8—10 个小时坐在桌子前。他说：“工作与快乐不快乐无关，只要让自己长时间地坐在桌子前，自己就会开始工作。”他并不关心自己快乐与否，而是先规定好自己坐在桌子前的时间。在这期间，只要自己还坐在桌子前，无论注意力多么不集中，最终总能回到工作上来。

我也认为人们不需要去做提高自己的注意力这种无意义的事情。当然，也许注意力真的能被提高，但那也是因人而异的事情。不过，以人原本就没有注意力作为前提条件，反倒是一种非常有益的想法。

推理小说作家雷蒙德·钱德勒也曾强调：“哪怕一个字也写不出来，也要让自己坐在书桌前面。”即使写不出任何内容，也不要让自己去做其他事情，只要一直那样坐在桌子前就好了。虽然注意力会时而集中、时而分散，但是当一整天的工作结束以后，把这些零散的碎片汇总起来，还是能得到某些成果的。

STEP 26　按日期行事

按照固定的日期去做事，这可以算是按规划时间去行事的一种变体。我把每月的第一天定为“杂事日”。虽然我家里的东西很少，但每个月仍然需要收拾整理一次，我把这称作“中扫除”（因其程度不及“大扫除”）。除此之外，还要归纳日常的收据、整理电脑里的收藏夹、扫描文件等。这些虽然不是每天都要做的事情，但是如果一直放在一旁的话，还是会让人感觉好麻烦。所以，我就会利用这一天来专门处理这些杂事。

虽然每一件事都不是有趣的，但是整理好以后会让人非常有成就感。把平时积累的琐碎事务都处理掉，这样也有助于我们更好地培养日常习惯。

闲下来的日子永远不会到来

有些事情并不是那么急迫，即使不马上去做也不要紧，这种时候我们可能会想着“等下次再做吧”“等闲下来时再做吧”。收拾房间就是这一类的事情。但在我过去的38年生活中，从来没有过这种闲下来的感觉——“什么？现在就是闲着的状态吗？这一天终于到来了，就是此时此刻？”可以说，闲下来的日子永远不会到来。因此，如果你想到了某件必须做的事情，一定要提前定好具体的日期才行。

例如，学禅的修行僧会按照固定的日期来行事。

· 每月带4和9的日子，就会剃发和大扫除。
· 每月带1、3、6、8的日子，就会出门化缘。

只要事先定好了日期，就不必再为这些事而烦恼，比如，头发又变长了，该怎么办呢？是明天就剃发呢，还是等到下周？你完全可以在下意识的状态下去做这些事。开始去健身房锻炼的日子或者参加其他什么特别的活动，都可以事先记到随身携带的笔记本上。实际上，在写下上面这些文字的同时，我又写下了“去看牙医”。

我们也可以按照一周7天来行事。听说我的朋友就是这样规定的：周五这一天专门用来处理自己觉得厌烦和无聊的工作。这些工作如果留到下周一的话，会让人看了就失去干劲。因此，可以趁周末休息前的那一丝兴奋劲儿将其处理掉。

重视与自己的约定

最关键的一点就是，在这种时候一定要优先执行与自己的约定。所以，只要事先记在笔记本上就行了。如果你使用的是“记事簿”APP，那么在输入每月的重复事项时会更加简便。

与自己的约定，可被视作与最重要的友人的约定。当你被其他事情诱惑时，只要不是特别重大的变故，你就要好好想一想是否应该破坏与最重要的友人的约定。这样一想，你就会浑身充满干劲，完成平时难以完成的工作——能让你遇到如此不太常见的“自己”的约定，当然是最珍贵的。

STEP 27　给自己设定一个奖励

人们总是认为学习《托拉》（犹太教的经书）的经文是一件非常辛苦的事情，但我们并不是为了学习而学习的。只有不以此为目的，才能在学习的过程中真正掌握经文中的内容。

——迈蒙尼德

当我们想要培养习惯时，像运动和减肥等是不可能立刻看出效果的，由于感受不到“回报”，所以才会觉得过程很辛苦。所以，我们可以尝试给自己设定一个奖励。

我以前每次一搬家，就不得不换健身房。新的健身房是 24 小时营业的，按理说我去健身的机会应该会变得更多，但实际上，我去健身的频次反而比以前少了。为什么我不愿意去了呢？在我思考这一问题时突然想到，以前的那家有一个很大的露天浴池，我每次运动完以后，都会下意识地将到大露天浴池里去泡澡当作给自己的奖励，而现在这家健身房里只提供淋浴，所以我就失去兴趣了。

虚拟奖励的例子

之前我提到过把每月的第一天当作“杂事日”，实际上那天的电影票也是最便宜的，所以我会把看电影当作给自己的一个奖励。作家角田光代[①] 选择在 43 岁的时候，从全程马拉松开始，去挑战各种各样的运动项目。

她在《为何人到中年才特意开始运动》这篇文章中就提到了奖励的重要性。她说：“宴会、高热量的美食、美容护理、按摩……

① 日本小说家、翻译家，2005年荣获直木奖（日本大众文学最高奖项），与吉本芭娜娜、江国香织被誉为当今日本文坛三大重要女作家。

这些都很重要，我知道在完成辛苦的运动后，有这些在等着我。”

· 做完运动后喝上一杯冰爽的啤酒。
· 早餐时准备美味的面包，以此作为自己早起的奖励。

这些奖励产生的效果不可小视。而且，正如迈蒙尼德所言，在追求奖励的过程中，让自己养成了习惯，这件事本身就能视作一种回报。这样的话，即使今后没有奖励了，仍能将习惯坚持下去。

★难以养成习惯的原因

给予了相反的奖励

关于“奖励”，有一点必须引起大家的注意，那就是人们越是感受到接近目标的成果，就越倾向于放松警惕。在某项调查中，让正在减肥的人从苹果和巧克力中做出选择。通过称体重感受到减肥成果的人，有 85% 都会选择巧克力而不是苹果。反之，如果事先不让他们确认自己的体重，就只有 58% 的人会选择巧克力。

这听起来很令人扫兴吧？我自己也是这样，每天早晨站到体重计上，看到自己变瘦以后，就会对接下来一天里的饮食内容放松警惕。当人们感觉到自己达成了减肥的目标时，会给予自己与减肥目的正相反的奖励。

所以，我们所设定的奖励，最好是与期望达成的目标不同类的事物。当我以戒酒为目标时，如果能在超市里忍住没有买酒，就会给自己买哈根达斯冰激凌作为奖励。就像在苦味药的外面裹一层糖衣一样，要将为了达成目标而养成的习惯与奖励有效地组合起来。

在初期时，可以有意地突出奖励的效果，但是慢慢地要将习惯本身当作给自己的奖励。

STEP 28　利用好旁人的看法

You make me wanna be a better man.

（你让我想成为一个更好的人。）

——摘自电影《恋爱小说家》

不要在意旁人的看法，做自己想做的事情——这一点固然很重要，但是站在培养习惯的角度去看的话，这种不必在意的“旁人的看法”其实也是可以加以利用的。而且，我认为这是在培养习惯的过程中最有效果的一种方法。

比起“将来的回报”，人们更倾向于接受“眼前的回报”——这可以说是人的一种本能，但是通过利用旁人的看法则可以帮助我们对抗这种本能。

利用异性对我们的看法

先来举个浅显易懂的例子吧。我的一位女性友人经常去做头发护理，因为她的美容师是一个大帅哥。其实，堀江贵文[①]在去健身房时也会特意选择女性教练。

头发护理和肌肉锻炼，这些都是很难在短时期内见到成效的事情。按理说，由于回报太过遥远，会让人很难坚持下去。另外，虽然我们不会有意识地去留意这件事，但还是会在意异性对自己的看法。如果我们疏于做头发护理或肌肉锻炼，就会让异性感到失望；而如果加油努力去做的话，就会得到异性的夸赞。所以，把这种眼前的回报与惩罚当作自己行动的动力，也是一种有效的手段。

---

① 日本知名门户网站Livedoor的创始人。

有很多事情可以让人感受到回报，比如与他人的交流、获得他人的好评等。那么，人为何会如此在意旁人的看法呢？接下来这一小节，我会分析一下。

为何会特别在意他人的评价

人们一提到与异性的关系，就很容易与生殖繁衍联系起来，这也是生存竞争中的一件大事。每个人长期生活在一个有数十个人甚至更多人的圈子中，所以会比较在意自己在群体中的地位以及他人对自己的评价。所以，人们才会被 SNS（社交网络）上的“点赞”所摆布（我自己也是如此），会因他人的批评而失落。在 SNS（社交网络）上，被他人批评后，就类似于以前在所属的小圈子中有了坏名声，地位一落千丈。

即便是非常理性的人，也会因为受到了匿名网友的批评而变得愤怒，想要奋起抗争。

集体的期待胜过死亡的危险

即使在面对死亡的危险时，人们也愿意去优先考虑回应来自集体的期待。1964 年，旨在推动黑人参与选举登记的“密西西比夏日项目”正面向全美的大学生进行招募活动，然而，参与者有可能会遭到激进的白人的迫害（实际上，有 3 名志愿者惨遭杀害），所以在合格的 1000 名学生中，有 300 人选择了退出。

针对那些“退出的学生”与“明知很危险，但仍选择参加的学生”二者之间的区别，社会学家道格·麦亚当进行了如下分析：

首先，在动机上，二者并没有很大的差异。其次，在工作的繁忙程度以及是否已婚等个人状况方面，二者也没多大差异。而二者真正的不同之处在于，其所属的群体的反应。选择参加的学生，其所属的群体都是期待这些学生能前往密西西比州的。

道格·麦亚当表示，如果参加政治活动或宗教活动上的群体中有自己的友人、熟人的话，人们就会认为“如果不去做的话，会给自己的社会名誉带来很大的损害，也会失去自己很在意的人的敬意”。

所以，那种不想被群体中的人看低或获得差评的心情，促使他们即使面对危险状况，也仍然选择参与其中。

体育运动中获得成果的唯一方法

如果你想在体育运动中获得成果，就必须让自己加入一个高水平的团队。社会学家丹尼尔·钱布林斯花了 6 年的时间，全程记录了游泳选手的练习情况，并对他们进行了采访。他提出的观点是，只有伟大的团队才能诞生出伟大的选手。他说："身边所有人都凌晨4点就起床去练习，在这样的环境下，自己很自然地也会这样去做，并把这当成理所当然的事情。这就是所谓的'习惯'。"当你身处高水平的团队中，为了让自己不掉队，肯定会更加努力拼搏，并会与周围人互相切磋。

这对普通人来说也是一样的道理，所以，最好找到一个与自己的水平相一致的群体。比如，如果你坚持在"皇居"慢跑的话，就很容易能遇到和自己一起跑步的同伴。

利用SNS上的群体

除了现实生活中的群体外，在SNS（社交网络）上所组成的群体也是有效的。我最初想要参加全程马拉松比赛时，就在推特上发了一个关于自己的想法的帖子。我是有意这样做的。当时，关注我推特的有将近5000人，而我也会把跑马拉松的结果发到推特上去。

我第一次参加的马拉松比赛，是在那霸[①]举行的。当天气温

① 日本地名，冲绳县首府。

很高，只有一半的参赛者跑完了全程，真是一次严酷的比赛啊！比赛时，我的两个腿肚子都在抽筋，两只脚肿得把鞋子都撑满了。但是，我在心里想着：如果就这样退赛的话，那太对不起那5000名关注者了。这样的想法促使着我完成了全程的比赛。如果我当初没告诉任何人，而是悄悄地报名参赛的话，说不定就在中途退赛了。

在整理房间并需要丢弃一些东西的时候，我会用到的一个方法就是“未来日记”，即在扔东西之前就先到SNS（社交网络）上发一个帖子，说“我已经把这个扔了”。这样一来，如果现实情况与SNS（社交网络）上的状态自相矛盾的话，我会感到非常别扭，这也算是对自己的一种惩罚吧，这样会让我更容易做到断舍离。

武井壮为何要努力奋斗

武井壮[①]在录制综艺节目的忙碌日子里，仍能每天坚持用一个小时做训练，再用一个小时学习自己所不懂的知识，这俨然成了他的一个习惯。为何他能做到这一点呢？按他自己的话说，就

① 原田径运动员，铁人十项选手，偶尔参加日本的综艺节目，有颇高的人气。

是“并非为了我自己”“我只是不想让自己的粉丝（现在有 130 万人）感到失望”。当然，我并不是要求你也要有像武井君那么多的关注者，而是要坚持不懈地努力奋斗。

人都是以数十人的小“群体”为单位聚居的，哪怕面对的只有一个人，这种方法也会有效果。

哪怕是只有一个人的“群体”，也没问题

当初我决定不再吃甜食的时候，曾经建立一个名为“断糖联盟”的组织。我和那个想要戒掉甜食的友人约定好，一旦吃了甜食，就要互相通报。我把惩罚的规则也告诉了对方——“如果破戒的话，我会鄙视你：‘哼！连这点事都做不到吗？’”当然，如果是我自己破戒的话，也会受到同样的惩罚。当我被甜食诱惑时，如果回想起对方的脸，就会稍微有所帮助。实际上，我的那位朋友直到今天仍处于戒糖的状态中。

最近也有人加入了“配对阅读”的组织。在 30 分钟的时间里，两人一组来阅读同一本书，还要就其内容进行讨论。实际上，即使互相见不到面，也可以借助 LINE 聊天软件来进行这一活动。由于有时间上的限制，为了与对方讨论，就必须更深入地理解书中的内容，并整理好自己的想法。所以，与平时的阅读相比，这

是一种能让人带着“负荷”去阅读的方法。

一旦没被他人关注，行为就会发生变化

即使是同一个人，也会因为自己的所作所为有没有被他人看见、结果能否告诉给他人等因素，而做出不一样的行为来。比如：

· 如果被他人关注的话，自己会在仪表和礼貌上比较注意。

· 在咖啡馆、图书馆等周围有人的地方，就会认真工作，回到家则会比较懒散。

· 在匿名的状态下，更容易对他人口出恶语。

· 坐在封闭的车里会比较无拘无束，大声唱歌。

人们会在意他人的目光，在意群体中的他人对自己的评价，这可以说是一种接近本能的行为。如果任由这种本能摆布的话，就会过得很辛苦。但如果有意识地去利用这种本能，则能发挥出很好的作用。

STEP 29　事先宣布

将你要做的事情事先宣布出来，这也是利用旁人目光的一种方式，并且能发挥出很好的效果。

花样滑冰选手羽生结弦在 2008 年代表日本出战奥运会时，就曾公开宣布想进入前八强。

“日本队此前已有荒川静香获得过奥运会的金牌，而我则想成为日本第二位获得金牌的运动员。”

当时他只有 14 岁，这段看起来略显稚气的发言，并没有被媒体公开报道。但在我看来，羽生君确实是一位善于利用“语言之力量”的运动员。

在开始撰写本书之前，我也发表过类似的宣言。在这里，我要坦白交代，当时是先在博客上宣布的——“下本书的主题要说一说‘习惯’”,然后才真正开始构思本书内容的。像设定截稿日期、借助群体的力量等方法，我都用上了。因为我知道，如果没能按时交稿，就会给相关人员添麻烦。

事先宣布的话，为了不想让别人认为我是在说大话，或者是个懒惰的人，我就会拼命去完成（话虽如此，整个撰写的过程还是给编辑们添了不少麻烦）。如果没有事先宣布和截稿日期的话，本书恐怕现在还未出版呢。

宣言也是一种惩罚

有的人会将事先宣布这种做法当成一门实实在在的生意。《关于干劲的科学》一书的作者伊恩·艾尔斯就是这样做的。例如，客户自己决定减肥的目标是“体重降至 ×× 公斤”，如果最终未达成此目标，就要向伊恩·艾尔斯支付 10 万日元[①]；如果在戒烟期间抽了一根烟的话，就要向自己最讨厌的政治团体捐款。像这样，他会给客户设定很严重的惩罚措施，最后的效果很显著。伊恩·艾尔斯会把自己所提供的服务内容都发布在网上，以供第三方监督实施状况。

像减肥和戒烟这样的目标，如果能达成的话，自然是件令人高兴的事情；但如果未能达成，眼下似乎也不会受到什么严厉的惩罚——这就是问题的根源所在。惩罚必须设定得严重一些，否则的话，人们就会想“如果只罚 1 万日元的话，即使没坚持下来，也不算是什么事儿吧”。

有一家私人健身会所就反向利用了这一做法，他们在媒体上发布广告，说“会员要事先支付高额的费用，才能让自己坚持锻炼”，结果起到了很好的作用。

---

① 折合成人民币约为6000元。

STEP 30　站在第三方的角度去思考

我自己觉得很好，但如果有另一个矢泽君的话，他会怎么看呢？

——矢泽永吉[①]

所谓的“自己”，其实也并非就只有一个人格。

正如前文所述，我们的大脑中存在着本能的“热系统”和偏理性的“冷系统”，当一方活跃时，另一方就会变得不太活跃。还有，能够支配我们行为的意识，其实也是像一场被召开的“国会”。

也许，有的人会像矢泽永吉一样，想象身体里住着两个自己。而我则会将其中一个称作“本能的自己”，另一个称作“理性的自己”。此外，我还会再想象出一个“自己”来监视他们——“啊，又偷懒了，又想放弃了。但如果是‘理性的自己’的话，他会怎么看呢？”

“引入第三方视角”的做法，其实也可以有很多种变化形式。比如：

① 日本摇滚乐手。

· 如果是“未来的自己”，他会怎么想

据说，预防医学研究者石川善树在面对诱惑时，会先想着“应该问一问 30 年后的自己”——“你今晚是该去参加宴会呢，还是继续做研究？”像这样，能让自己更好地埋头于研究中。

· 想象存在一个时刻关心自己的人

格雷琴·鲁宾在犹豫该不该接工作时，会想着“如果我有一个经纪人，他会怎么说”。

法国电影《青春的三段回忆》中就有这样的台词：“我对待自己，永远是站在一个守护着自己的兄长的立场的。”不会过分溺爱，有时也会给一些严肃的建议——想象自己有这样一位兄长存在，也许是一件好事。

· 虚构的摄像头

“现在的所作所为，会不会被偷拍，放到色情影片里？”“若下周被偷拍，放到网站曝光的话，今天我还会这样做吗？”——要是知道会被隐藏的摄像头偷拍的话，自己肯定不会挖鼻孔或者摆出一副无所事事的样子吧。要是知道下周要拍写真，说不定锻炼时就会更加认真了呢。

・想象自己所尊敬的人会怎么做

据说，因《热情似火》等电影而闻名于世的导演比利・怀尔德一直在他的书房里贴着这样的字条："要是恩斯特・刘别谦①的话，他会怎么做呢？"恩斯特・刘别谦可以说是比利・怀尔德的恩师。每当钻研剧本时，他总会站在恩师的角度来进行思考。而且，恩师这个角色是可以传承的。例如，三谷幸喜②就会常常想："如果是比利・怀尔德的话，他会怎么做呢？"

有信仰的人自控力一般也会很强，即使没有被任何人看见，但内心也会认为上帝在一直关注着自己的言行。日常生活中也有"人在做，天在看"这样的俗话。借由第三方的视角去思考——这样的做法，虽然从本质上来说并没有带来任何改变，却是我们在面对难题时，让自己坚定决心的一种方式。

---

① Ernst Lubitsch，德国电影导演，被认为是德国电影史上影响最大的导演之一，对于喜剧电影的影响甚大。

② 日本编剧、导演、制作人，代表作有《古畑任三郎》等。

STEP 31　中途停下来

一旦习惯开始走上正轨了，有时会突然觉得自己的状态不错。做运动时，会感觉自己能一直跑下去。不过，如果一直跑，直到身体达到极限或者感到疲劳的话，那就得不偿失了。因为这会给我们的大脑留下“跑步 = 辛苦”的印象，从而给下一次的跑步带来负面的影响。

对于习惯来说，“可持续”才是最重要的，在你觉得还能再多做一些的时候，就要适时让自己停下来。在中途或者只做到八成时就停下来，这样一来，我们才会一直留有“快乐”的印象。我在练习吉他和英语的时候，都不会让自己感到辛苦。因此，第二天才会愿意继续练习。所以，千万不要等自己感觉到辛苦时再停下。

肌肉是要在超越极限受到伤害以后，才能进一步生长的。因此，一流的运动员都会坚持非常艰苦的练习（人为地超越原本的舒适范围）。但是，这些都是在你养成了习惯以后才能去做的。而这种中途停下的方法，对于像作家这样需要长时间工作的人来说，是很有效果的。

海明威也会在中途停下

大作家海明威会让自己在工作的途中停下来。他在接受杂志采访时，这样介绍过自己的工作方法：

“我会先把之前所写的部分读一遍。因为我总会在构思好接下来的情节后，就马上停下笔来。所以，我每次都可以从这里开始接着写作。然后，我会一直写，直至我又构思好后面的情节，再让自己停笔。”

海明威深知“万事开头难”，所以，他才会故意让自己从已经构思好的地方开始，这样可以在刚下笔的环节就避免反复斟酌思考。只有顺利的开局，才能让大脑在写作中更加集中注意力。这种方法也可以运用到我们的日常工作中。

平时，我们会在工作告一段落时才想下班回家。但这么做的话，就会让第二天的工作变得没有头绪，而无法顺利开局。如果我们是在撰写企划书的话，最好是在还未完成的时候就停下来，这样能为明天的开局工作留下一个很好的“线头”。

村上春树同样也会在中途停下

村上春树也是一样，会在创作的中途停下。写满 4000 字或者 10 页稿纸后，他就让自己停笔。他在接受杂志专访时是这样说的：

“自己规定就写 10 页纸。哪怕写到第 8 页时感觉已经写不下去了，也会坚持写满 10 页。当然，有时也会在写满 10 页后还想再多写一点，但我同样还是会让自己停下笔来。我要把这种‘还想继续写’的创作劲头留给明天。”

哪怕仅用 6 页纸的篇幅就已经把充满戏剧性的章节写完了，他还是会继续写下一章节的内容，写满剩下的 4 页纸。他表示自己看重的是写作的字数，而不是情节内容上某一段落的完结。

作家安东尼·特罗洛普也说过：“只要每天能坚持完成一点点工作，也会胜过断断续续的‘赫拉克勒斯’[①] 冒险。”如果能在一天内就做出很大的成就，自然会让自己感到很过瘾。但是，与偶然为之的大冒险相比，我们更应该重视每天的一点点进步，因为从长远的角度来看，这能让我们抵达更加遥远的目的地。

---

① 古希腊神话中最伟大的英雄。他神勇无比、力大无穷，完成了12项被认为“不可能完成”的挑战任务。

STEP 32　不能完全中断

小的过失，好比把缠好的毛线团掉落到地上一样。如果我们不把掉落的毛线团解开的话，那就得花几倍的力气去重新缠好它。

——威廉·詹姆斯

在职业棒球大联盟的赛季结束后，很多选手都会选择回老家休假。但是，即便是在非赛季期间，铃木一郎也仍然会现身球场进行训练。

“我曾经也想让自己休息休息。为了确定这样做是否会有帮助，我就让自己中断练习一个月的时间。然而，这却让我感觉身体好像不是自己的了，身体会以为我是不是生病了。”

即便是要尝试不一样的方法，采用的也是与其他选手完全相反的做法。通过这件事情，让我们感觉到了铃木一郎是一名真正的求道者。铃木一郎悟出的道理就是“不能完全中断练习”。

作家约翰·厄普代克同样也不会坐等灵感的到来，他把写作视为每天必做的功课。他的理由就是“停止写作当然会让自己感到轻松，但一旦习惯了这种状态，就很难再动笔创作了”。

时隔一年，面对野猪都会生畏

我曾从猎人千松信也那里听说过这样一个说法：在日本，只有冬季的几个月时间可以进行狩猎活动。可是，时隔一年，等来了下一个狩猎期后，当你与野猪再次相对时，竟然会觉得“怎么连野猪都令人生畏啊”。

而我对写书这件事也是一样的感觉，真是得好好反省一番。我是时隔两年才又开始动笔写书的，这让我不由得感叹“怎么写书这么难啊”。最好别让车轮完全停止转动，这样才能让我们体会到更长久的轻松。

“习惯之神”安东尼·特罗洛普的工作法

前文中我引用了作家安东尼·特罗洛普的名言，实际上他在我心中，就像是“习惯之神”般的人物。他的本职是一名邮局职员，英国各地的红色信筒就出自他的创意。他在每天上班前，都会自我规定用两个半小时的时间进行写作。在完成本职工作的同时，他创作出了47篇小说和16本其他著作，被视为文学史上非常高产的作家。

高产的秘诀，就是写完一部作品后立刻开始写下一部作品。

比如，他刚刚完成一部 600 页的鸿篇巨制。如果是一般作家的话，肯定会给自己放个长假吧？但他却不会这么做，如果是离规定的两个半小时还差 15 分钟的话，他会在刚刚完成的作品上写下“完”字后，就将其放到一旁，然后立刻开始构思下一部作品。

钢琴家、吉他演奏家也是一天不摸乐器，就会感觉不舒服。也有人说一天不练琴，就相当于浪费了三天的练习成果。我也是这样，只要三四天不运动的话，要想再回到之前的状态就特别费劲。跑起来会感觉很吃力，体重也会有所反弹。

一旦中断了习惯，再度开始时就会很辛苦，这是我的实际感受。因此，我才不愿意中间空开太久的时间。习惯就是越坚持才会越得到强化。

STEP 33 记录习惯

据某项调查统计显示，那些过于肥胖的人，只是每天早晨在体重秤上站一下，就能更容易地减轻体重。因为，一想到第二天又要称体重，前一天就会有意识地控制自己的饮食。如果第二天一早发现自己体重增加了，就会感到后悔，闷闷不乐，这就相当于对自己的一种惩罚。为了避免受到惩罚，只能对眼前的美食保持克制。即使是在养成习惯以后，这种通过“记录”的方式所带来的效果依旧会存在。

用智能手机的APP记录习惯

我会用智能手机上的 Way of Life 程序来记录每天的习惯。“早起”“做瑜伽”“做运动”“写书稿”等每个项目都分开记录，如果当天完成了该项目的话，就会显示为绿色；反之，则显示为红色。像这样，我每天都要努力将所有的项目都变成绿色。类似的程序还有许多，如 Momentum 也很有名。

有意思的是，当我连续达标以后，程序会发出音效并累计相应的数字。

当初，我想要培养写博客的习惯时，曾经连续 52 天坚持每天都写。是那种不想半途而废的动机支撑着我做到了这一点。

美国的喜剧演员杰瑞·宋飞每次想出新笑话段子的时候，就会在日历上打个“×”。这个“×”就像链条一样把每一天都串联起来。他就曾表示：“一看到这个链条，我就很开心。只需几周的时间，就让我整个人变得特别兴奋。接下来的目标，就是保证这个链条不要断开。”中断习惯 = 让链条断开——这就是他给自己的惩罚，也激励着他将这一习惯保持下去。

人的记忆是很暧昧的

如果不做记录的话，恐怕人的记忆就会篡改事实了。我常去的那家健身房里，每台机器都会自动记录来健身的人举重举了多少次。虽然我自己感觉“哎呀！终于举了 10 次了”，但是每次机器上都只显示举了 8 次而已。为了逃避辛苦，我们的记忆会在数字上打折扣，知道这一点真的让人感到惊讶不已。即使是已经养成的习惯，如果不加记录的话，我们就会偏袒自己，留下“啊，自己真的坚持去做了吧”这样的模糊印象。

每天都要提醒自己对所做的事做记录。当完成任务时，自然会兴致勃勃地将其记录下来，但我们更应该关注的是未完成任务的情况。

近几年来我开始关注自己的体重，我知道，在每次暴饮暴食以后，第二天的称重结果就会很糟糕。所以，有许多次我就没有站到体重秤上去。因为知道结果不好看，所以就干脆连体重都不称了——这就是在自欺欺人（耍小聪明）。即使体重增加了，也要坚持每天称重做记录。那种后悔自己暴饮暴食的心情，就是对自己的一种惩罚。

★难以养成习惯的原因

把变数当作理由

除此之外，人们在做记录的时候，还会想着“这次之所以这样，是因为今天出现了变数”。例如，自己是在旅行途中，或是由于身体的状态不佳，抑或出现了什么突发状况。总之，就是把变数当成了自己不去做的理由。

我之前介绍的 Way of Life 这个程序中，就有“跳过”这一选项，也就是把今天当成一个“例外”。但是，如果滥用的话，就会把每天都变成“例外”。所以，我们应该理智地记录自己每天到底有没有做。

已完成的事项清单

我在无所事事的那半年时间里心情很低落，曾经在日记上列出了一份已完成的事项清单，如下：

- 回复很麻烦的电子邮件
- 弄清楚想买的鞋子的价格

· 扔垃圾

· 支付税金

· 学会去菠萝皮的方法

人们常常因为“今天什么也没做”而感到心情低落，但是，如果我们尝试把做过的事情都一一列出来的话，会发现其实还是做了不少事情的，这也为即将要处理的工作做好了准备。通过列出已完成的事项清单，可以防止我们的心情变得更加低落。

推动自己更进一步

做记录的一大好处，就是能让自己所付出的努力“可视化”，并推动着自己向前更进一步。哥伦比亚大学曾经对积分卡做过一项调研。顾客每来一次咖啡馆,就可以积一分,当达到一定分数后，就能免费换一杯咖啡。

A. 给顾客一张原始积分为“0 分”的积分卡，然后告诉他积满 10 分，就能免费换一杯咖啡。

B. 给顾客一张原始积分为“2 分”的积分卡，然后告诉他积满 12 分，就能免费换一杯咖啡。

这两个方案都是需要顾客积满 10 分以后才能换取免费的咖

啡，但是从结果来看，B 方案的顾客平均获得免费咖啡的进度要快 20%。因为不是从“0”起步,所以会让人有一种“正在进步中”的感觉，这样会更容易激励自己积极行动。

海明威每天都会记录自己所写的单词数量，并绘制成表格。安东尼·特罗洛普也会规定自己每 15 分钟写下 250 个单词，然后统计自己每天所写的单词数量。为了效仿他们的做法，我在撰写本书的时候，也会记录下每天所写的字数。当天的工作完成以后，会让自己有一种极大的满足感。记录下自己进步的状态，也有着“庆祝胜利”的意味。

STEP 34　全力保障必要的休息

在做事情的中途空出一段时间，让自己好好休息一下——我们必须学会如何保持活力。

——甘地

要想将习惯坚持下去，我们必须知道自己需要休息多久才能恢复状态。如果到了第二天状态还未能恢复的话，就会遇到问题。小问题积少成多，就会让我们难以将习惯维持下去。

我们要准确地了解自己所必要的睡眠时间是多长。我通过多次记录自己在无起床闹钟的状态下一觉睡到自然醒所需要的时间，然后得出了自己所必要的睡眠时间（躺在床上的时间）大约为 8 个小时。

对时间做“预扣除”

村上春树会在一天中留出一个小时的时间，用来跑步或游泳。因此，对他来说，一天就只剩 23 个小时了。除了必须做的运动以外，还有其他事情需要做，所以，就需要对一天的 24 个小时进行“预扣除”。

我一般会先将 24 个小时分配给睡眠、吃饭、休息等这些基本的活动，在确保这些顺利进行的基础上，再把时间分配给其他事情。

来医院看病的人，通常都有以下特点：

· 睡眠时间不足

· 面对美食没有食欲

· 失眠

可以说，这些人连这些基本的活动都无法保障。哪怕是被黑心企业主压榨的员工，他也会从这种“自我牺牲”的状态中体会到一种“回报”。而且，即便之后自己想要离开这样的工作环境，也会因习惯而难以摆脱这家公司。

如果连最基本的休息时间都无法保障的话，那我们就应该好好思考一下，这种牺牲时间的工作真的是自己想要的吗？

斯蒂芬·金的工作方法

斯蒂芬·金虽然是一位高产的作家，但他只在上午创作小说。为了把登场人物都描绘得有血有肉，他会坚持每天都写作，哪怕是圣诞节、生日也不例外。

虽说每天都要写作，但是只利用上午的时间，这样就不会让自己太疲劳。这就是这位常年活跃在第一线的作家的工作秘诀。

要想让自己坚持下去，首先必须保障必要的休息时间。如果不休息的话，工作是难以为继的。而且在我看来，休息与工作并非完全不同的两件事，它们是一体的。如果自己已经疲劳到难以继续的话，那么这项工作本身也就没必要了。

睡眠状态下会更具创造力

画家萨尔瓦多·达利会把自己在梦境中见到的情景画出来；史蒂文森在创作小说《变身怪医》时，就是在梦中获得了以“双重人格”为主题的灵感；德国化学家奥古斯特·凯库勒也是根据梦见的图形创造出了化学方程式。

人在睡眠状态下，往往能比清醒的时候做出更好的成绩。虽然人在睡觉时不会有“意识”，但大脑在这段时间内仍保持活跃状态，并且继续消耗着热量。

我以前都把睡觉视作对时间的一种浪费，认为那只是为了恢复体力而不得不为之的事情。因此，我会非常羡慕那些只需要睡很少时间的人。后来我不这么想了。

如果你做过梦，就会知道，人在睡眠状态下的想象力要比清醒时更加丰富、更加有趣。人处于REM睡眠阶段[①]时，神经细胞间会随机地结合，而这在大脑清醒时是不可能出现的。所以，我们的梦境才会有超现实主义的感觉。而且在睡眠状态下，大脑会将清醒时的一些记忆进行组合，从而产生新的想法。

---

① 快速眼球运动（Rapid Eyes Movement），是一个睡眠的阶段，眼球在此阶段会不由自主地快速移动。

我在撰写本书时也遇到了一样的情况。有些想法并不是坐在书桌前产生的，而是深夜醒来时模模糊糊的状态下产生的。在睡眠中，我曾好几次突然感觉“我懂啦”（当然，有时醒来后就只剩下了“我懂啦”的感觉而已，其他的都不记得了）。

即使是在睡觉时，我们的大脑也不会休息，而是继续运转着，不断地产生各种想法。因此，睡觉不仅是为了恢复我们的体力，也是进行创意活动所必需的一个环节。

睡觉前不要太兴奋

人们之所以会逐渐延后上床睡觉的时间，就是因为感觉“这一天还没有过完”。白天忙于工作的人，会想用晚上的时间做一做自己喜欢的娱乐活动——看国外的电视剧、看推理小说、玩解谜游戏等。有时候聚精会神地投入其中，就会忘了时间，总想一直做下去。

当然，这些活动能让我们感到快乐，但是在临睡前一直让自己保持兴奋的话，这种娱乐的时间就会被延长，我们总是会想着“再玩 10 分钟就好了”“玩得正起劲的时候，怎么能停下呢”。像这样，我们的睡眠时间就被打乱了。

我觉得临睡前最好不要让自己太兴奋。例如，不要看很有趣的书。而像短篇文集、诗歌这种分很多段落的内容，很容易让我们及时打住；像英语语法书等一些实用参考书，也是分章节来写的，比较适合当作枕边书。

画家弗朗西斯·培根因饱受失眠困扰，而会在临睡前反复阅读一本古老的菜谱。据我推断，他是想通过阅读菜谱的方式，像“冥想”一样，让自己的思维镇定下来。

一般到了晚上 9 点半，提醒我上床的闹钟就会响起。此时，如果我没有处于很兴奋的状态，就能很快停下手头的事情，然后很干脆地给当天的生活画上一个句号。

STEP 35　午睡的效果很显著

只要告诉我你通常几点吃饭，之后会不会睡午觉，我就能猜出你是什么样的人。

——梅森·柯瑞

众所周知，像英国前首相温斯顿·丘吉尔、美国前总统约翰·F.肯尼迪等这些日理万机的人，都会通过睡午觉来维持自己的精力。而看完《天才们的日常生活》后，你会发现，原来大多数天才都会睡午觉。像爱因斯坦、达尔文、马蒂斯[①]、弗兰克·劳埃德·赖特[②]、李斯特[③]等，也都有睡午觉的习惯。总之，如果你从事脑力劳动或者创意性工作的话，就少不了睡午觉这个环节。

NASA[④]、谷歌、耐克等，也都会在机构内设置供员工小睡的房间，并鼓励员工们午睡20分钟左右——这也被称为“Power-Nap”（连在谷歌工作的优秀人才都觉得有必要睡午觉，那么对于在普通公司上班的人来说，就更加有必要了）。

我自己白天会睡两次，每次睡15分钟（其中，第一次就是我后文将会讲到的早晨的“回笼觉”）。

我认为，在不远的将来，“公司内提供睡午觉的场所”应该会被写进法律条文中。如果有朝一日我心血来潮也想创办公司的话，肯定会把“确保有午睡室”作为最重要的课题。因为，我确实感受到了其所带来的显著效果。

福冈县明善高中规定学生每天必须午睡10分钟，结果考上东京大学的人数达到了以往的2倍。根据里昂大学的研究显示，

---

① Henri Matisse，法国画家，野兽派的创始人及主要代表人物，也是雕塑家及版画家。

② Frank Lloyd Wright，美国建筑师、室内设计师、作家、教育家。

③ Franz Liszt，匈牙利作曲家、钢琴演奏家，浪漫主义音乐的主要代表人物之一。

④ 美国航空航天局。

在背诵的过程中加入“小睡”环节的一组受测人员，他们的学习速度会变得更快，长期记忆力会更强。而 NASA 的研究显示，26 分钟的小睡能使人的记忆力、注意力等认知能力提升 34%。

认知能力得到提升，就意味着大脑中的“冷系统”变得更加活跃。这能使我们克制自己的欲望，并为了获得“未来的回报”而采取行动。从我自己的亲身经历来说，也确实是这样的。我在开始做需要使用意志力的工作之前，如做运动或者处理比较棘手的工作等——都会先进行 15 分钟的“Power-Nap”。仅仅 15 分钟，就能让我拥有惊人的清醒状态，而且经常还会做个短梦，每次醒来后，都感觉自己充满了干劲。

何谓“策略性的回笼觉”

现在我常用的一个方法，就是早晨让自己睡个回笼觉（大概 15 分钟）。每天早上 5 点起床，9 点半去图书馆。从起床到出门前的这 4 个小时里，我会撰写书稿、做瑜伽、学习英语……在开始重要的工作前，我感觉自己已经因为做这些事而消耗了一些精力，所以，在那之前我会选择回床上再睡一会儿。

这个 15 分钟的小睡就是我所说的“策略性的回笼觉”，这样做能让我的意志力再次得到恢复。虽然我每天都能保证 7—8 个小时的睡眠时间，但是并不是每晚都能睡个整觉，偶尔也会在深夜时分醒来。所以，我可以通过这 15 分钟的回笼觉来调整自己的状态。

作家尼科尔森·贝克也会采用这种方法。他会在凌晨 4 点至 4 点半起床，用一个半小时的时间写书稿。然后，由于困意来袭，就会再次上床睡觉，直到 8 点半再起床。

这一方法的好处，就是自己起床时无论有多困，都会想着“之后还能再睡一次”，这样就会很快起床。我推荐大家都试试这种“策略性的回笼觉”。

STEP 36　用积极的行为代替休息

比起无所事事的休息来，采取积极的行动反而更能给你的身心带来正面的影响，这被称为“谢切诺夫效应”。

当你感到疲劳时，就想躺在床上什么也不做，但仅仅是躺着并不能让你的心情有任何改变，甚至到了傍晚时分还会产生自我厌恶的情绪。不耗费精力并不等于休息，所以，你应该走出门外接触一下大自然，在休息的时间里积极地去做一些快乐的事情，这才是真正意义上的“休息”。

准备一张“解压活动表”

即使是在充实的生活中，偶尔也会遇到让自己难过的事情。我们可以提前准备好一张表格，在上面列出可以让自己转换心情的活动，通过做自己喜欢的事情，可以消除压力。这张表格被称为“解压活动表”。

对我自己来说，散步、周末接触大自然等，都属于这样的活动。除此之外，还可以举办篝火晚会、开车兜风、去电影院看电影等。偶尔也会想要出门远行。当我情绪不佳的时候，通过做这些事情确实能让我变得更兴奋或更冷静。就像用自己喜欢的玩具哄自己开心一样。

STEP 37 非习惯性的行为也很重要

无论任何事情，总是一直做的话，都会让人产生厌烦情绪。要想让身体热起来，适当的寒冷也是很有必要的。

——帕斯卡

我现在会把一天当作一周来过。从早晨到傍晚，学习或工作的时间就相当于一周中要去公司上班的工作日。最后，去健身房做运动，则意味着我一天中所有习惯性活动的终止。太阳下山后的时间，就像是周末一样，可供我一个人自由支配，之后做什么都可以。

最开始时，我会因为疲惫、无聊而玩手机。但不可思议的是，这并没有让我产生罪恶感。因为我明白了，玩手机这件事本身并没有错。只有当我没完成该做的事情，却还在那里消遣的时候，我才会有罪恶感。当每天所做的事情成了习惯以后，便不再有疲惫的感觉了，玩手机的情况自然也就减少了。晚上的自由时间，我常会用来看电影。

谁都想把时间用来做有益的事情，我们培养习惯的目的也在于此。但是，要把 24 个小时都用来做有益的事情，那未免太勉强自己了，而且我们也不应该有这样的想法。在保持习惯的同时，我们也必须有意识地给自己留出让头脑放空的时间。

柄谷行人、康德的休息方法

批评家柄谷行人[①]可谓是“日本第一理性人士”。他每天的写

① 日本著名思想家、文学评论家、社会活动家。

作、阅读等工作都只到傍晚为止，晚上的时间都用来看电视或看电影。也就是说，太阳下山以后，他就不会再动脑子了。而且，他将这一生活方式保持了 10 多年。

哲学家伊曼努尔·康德也是堪称“习惯之神”的人物，其最出名的就是散步这件事。每天一到下午 3 点半，他必定会出门散步。他总是如此准时，以至于有人用他来对表。康德终生未婚，一直住在出生地柯尼斯堡，连只需几小时就能走到的大海边，他都没有去过。

乍一看，你会以为康德是个孤僻的天才，但实际上他也会与人进行交流，和别人聊天。他每天只吃一顿饭。除了自己的同事以外，他也很喜欢与同乡们一起聊闲天。康德曾说：“一个人吃饭的话，对搞哲学的人来说是不健康的。”看来，与他人聊天也是康德让大脑得到休息的一种方式。

习惯也需要有所改变

有一种运动是让自己连续走几千公里的路（自然游步道、登山道），如果每天都这样走的话，那就不能算是旅行了，而是变成了一种日常行为。想象一下，当你在大自然中的徒步旅行逐渐变成了一种日常行为，那会是什么感觉。我在成为自由职业者以后，由于每天都像是过周末的状态，所以便不再觉得有什么可开心的。由此让我开始思考，习惯也是需要有一些变化的。

我们最好每天都坚持做，才能真正养成某个习惯，从而实际感受到习惯所带来的“回报”。但是，说到习惯的话，最优先考虑的应该是可持续性。因此，为了不让我们对习惯本身产生厌烦情绪，也需要偶尔做出一些变化，或者让自己休息休息。以我自己来说，一周中会给自己放一天的假，随便去哪里转转都行。

STEP 38 不要将“目的”与“目标”混淆

成功是结果，而不是目的。

——福楼拜

鲍勃·舒瓦茨（Bob Schwartz）在《不用节食也能减肥的方法》一书中提到，平均 200 个人中会有 10 个人能减肥成功，但仅有 1 人能维持体重不反弹。由此可见，即使下了大功夫去达成目标的人，也会难以将成果维持下去。

我想这是因为在大部分人心中，减肥这件事就是要通过一段时期的忍受来达到目标体重。当目标达成后，人们就会心满意足，从而放松对自己的约束。然后，不知不觉间体重又回到了原来的样子。减肥并不是像行医执照、司法资格考试那样，只要一次合格，后面便无须再考。减肥也不是一个节日，过了就算了。我们减肥的真正目的，是能找到无须一直忍受的生活方式。

有的目标会耗尽你的精力

根据研究报告显示，有些运动员在经历了奥运会这样的大赛后，会变得抑郁，这被称为“POD症”（Post Olympic Depression）。阿波罗飞船上的航天员们在体会到成功完成任务的成就感后，也会变得意志消沉。

就像职业电竞选手梅原大吾所说的，对自己来说，做这件事的目的不是在大赛中取得胜利，而是获得成长。如果仅仅以获胜为目标的话，就会耗尽自己的精力，从而难以持续发展。

施瓦辛格的“大师计划”

“目的”与“目标”、“目标”与“指标”这些词之间都只是一字之差，却容易让人混淆。施瓦辛格就曾把“目的”的意义替换成“大师计划”。也许这样一来，在理解“目的”的意义时，就会更加明确一些吧。

施瓦辛格会不断地自问："为了实现'大师计划'这一重要目的，今天能做的事情是什么呢？"

我给自己限定跑马拉松的时间，说到底也就是一个目标。有了"3小时30分钟"这一目标以后，每天都能让自己努力认真地去练习。而我跑步的真正目的，则是希望能保持一个健康的身心状态。此外，对我来说，出书也只是一个目标，其背后真正的目的则是满足自己的好奇心。

STEP 39　只盯着眼前的目标

所谓英雄，只是做了他自己应做的事。然而，凡人不但不做自己力所能及之事，还企望做能力之外的事。

——罗曼·罗兰

打保龄球的窍门就是，不要正对着瓶子扔球，而应朝着旁边刻有三角形印记（Spot）的方向扔球。而当你想培养某个习惯时，也必须牢记这一点。这是为什么呢？下面我会详细讲一讲。

★难以养成习惯的原因

一枚硬币的问题

当人在朝着某个目的而努力奋斗时，往往只会关注为此所需要的“努力总量”。例如，若想攒够100万日元[①]，关键就是连10日元[②]和100日元[③]这样的小额硬币也都要老老实实地积攒起来。但是，在已经有100万日元的人看来，弯腰去捡10日元或100日元的硬币是一件很愚蠢的事情。

一看到能流利地说英语的人，就会感叹自己的语言环境不好，会觉得记住眼前的某一个英语单词是一件毫无意义的事情。

在SNS（社交网络）上，我也经常能看到很多人给自己订了某个计划，刚开始时还挺有干劲，但是一想到做这件事所需要的“努力总量”，就会半途而废。

---

① 折合成人民币约60000元。

② 折合成人民币约6角。

③ 折合成人民币约6元。

三浦良知为何能踢到51岁

要解决这种一枚硬币的问题，我们必须将目光锁定在眼前的目标上。

三浦良知 51 岁了还在球队踢球，他从来没有将“踢到 50 岁”当作自己的目标。其实他在 30 岁的时候就有过退役的念头，他总是告诉自己“再踢 2 年就退役”，但一直踢到了现在这个年纪。

我在参加人生中的第二场马拉松比赛时，因为膝盖疼痛而跑得特别辛苦。我在跑到 20 公里的时候就会想着还有一半的路程，跑到 30 公里的时候就会想着还有 10 公里的路程要跑——几次动过想要弃赛的念头。所以，我在后半段的比赛中试着告诉自己“再跑 2 公里就放弃吧”。等跑到 2 公里的时候，我又会把同样的话再说一遍，就这样一直跑完了全程。

美国电影《血战钢锯岭》改编自真实的事件，一名卫生员从战场上救下了 75 名伤兵。大部队撤退后，只留下了主人公一个人，他凭一己之力不断把仍留在战场上的伤兵运送了出去。在炮弹交织的战场上，他不断地祷告“上帝，我就只救这最后一个，请保佑我”，靠着这种念头他坚持到了最后。

当然，也有用已经做过的事情来给自己加油打气的例子。高桥尚子[1]在参加马拉松比赛时所说的话就特别具有代表性——“到目前为止，参加了那么多比赛，总共已经跑了多远呢？剩下的路程也不过 42 公里而已。”

STEP 40 习惯也离不开失败

要想培养习惯，必须让自己经历尽可能多的失败。我想说，只是阅读完本书，并不能让你成功养成习惯，还需要有实践和失败这两个环节。

“如何才能成功呢？”这是自我反思时以及经管书籍中常见的一个问题，其实答案也非常简单——不能仅仅将成功当作目标，而是尽早地、尽可能多地尝试失败。为什么这么说呢？

我的一位朋友每次遭遇失败时都会偷笑，因为在他看来，失败就意味着发现了行不通的方法，证明自己离成功又近了一步。仅仅是得到了失败的结果，并不意味着就是完全失败了。只有在失败后一蹶不振，那才是真真正正的失败。当你发现了这么多行不通的方法后，总有一天会找到行得通的方法。从这个意义上

① 著名的女子马拉松运动员，2000年悉尼奥运会女子马拉松金牌获得者。

说，失败与成功没有什么分别。就像工作与休息的关系一样，成功与失败只是在同一个过程中的不同阶段而已。只是为了让人更容易理解，才会将此时此刻所出现的结果分别叫作“失败”或“成功”。

谁也不想无谓地失败，因此，我们才会去向他人请教，或者想找出成功的秘诀。而且，为了避免失败，往往会绕远路。确实，失败会让人感觉到羞耻，没有得到回报。所以，失败会让人失去干劲，难以继续坚持下去。但是最终获得成功的，都是在经历了失败之后，仍能坚持到最后的人。

积攒失败的意义

在我们还未成功前，都会想象着一旦养成习惯以后，就能轻松地保持下去。可实际上，养成习惯以后，也并不完全都是轻松愉快的感觉，如有时早晨还是会想多睡一会儿，有时还是不想去上班，有时也会害怕去跑步。

但是，我们通过记录将这些失败都积攒起来，这样就能帮助我们战胜这种心态。如果我不能早起的话，就会是一个问题。之前也说过，后续的瑜伽、晨间的活动等都将无法进行。

原本只想喝一杯酒，结果喝过了头，导致第二天的习惯性活动全部泡汤，也会让我感到非常后悔。每一次有这样的经历，我都会记录下来。现在看来，这也是培养习惯的过程中所必须经历的失败。一两次的失败，不会被当作对自己的惩罚。就像之前所说的那样，人们总是会把“明天的自己”视作超人，能够做出不同于“今天的自己”的行为，而多次失败的经历则会打破人们的这种幻想。

要把“失败”与“自我否定”区分开来

为什么会自责呢？是因为在必要的时候，能有个人好好责备我们一番，才算是件好事吗？

——爱因斯坦

重要的是，失败后不要让自己陷入低落的情绪中。大家可以回忆一下，在糖果实验中，边想着悲伤的事情，边等待糖果的孩子，他们最后都失败了。当人的心情低落时，就会变得难以期待“将来的回报”。所以，大家千万不要掉进这个恶性循环之中。

越是负面的事情，人们越是会特别关注，这种特性被称为“负性偏向”。当某一个习惯遭遇失败时，人们就会一直聚焦在它上面。这种时候，我们应该把目光投向那些成功养成的习惯上才对。

当山口圣子看着杂乱无章的房间时，并不会感到心情低落，她反而会告诉自己："正因为我不擅长收拾房间，所以才要好好加油。"遭遇失败的时候，只是因为我们尝试的方法有问题，而不是自己有问题。

STEP 41 要用多少天才能养成习惯

要坚持多久才能养成习惯呢？这应该是所有人都想知道的一个问题。比较有名的一个答案是"要用 21 天才能养成习惯"。这句话原本说的是被截肢的患者需要用 21 天的时间才能让自己适应这种状态。对于普通人来说，这更像是一个神话。

当我们将某件事情变成一种习惯时，大脑中的神经回路会因为"回报"的反复刺激而发生变化。认为这一复杂的过程可以在固定的天数内结束——这种想法未免也太奇怪了！

某篇论文中曾说，将喝水、做伸展运动等行为变成习惯，平均需要66天的时间。但这是在汇总了18天到254天等这些结果后，得出的平均天数而已，这么大的跨度实在是没有参考价值。

我认为，在培养习惯的时候，最好不要让自己总想着"要用多少天"这样的问题。例如，我们可以给自己订一个"30 天伸展运动大挑战”的计划，用具体的天数来增强挑战的意味，但重要的并非达成这一目标，而是在挑战结束后的第 31 天，你是否仍能继续坚持这么做。此外，如果把这项挑战当作对自己的一种考验的话，可能这个习惯就很难坚持下去了。

成为习惯的那一刻，自己会很清楚

要用多少天才能养成习惯？这并没有统一的答案。但是，你可以知道的是，当某件事情成为习惯的那一刻，自己是能感知到的。

这里，我想举一个自己的例子。虽然我去健身房锻炼已经有近十年的时间了，但基本上都是一周一次的频率，有时忙起来的话可能一个月才去一次。在这件事成为我每天必做的习惯后的第五天，健身房因故未营业。如果是以前的话，可能我心里会想“关门就关门吧，我运气太好啦”。然而，那天我的实际感受却是“啊，怎么关门了呀，好遗憾”。我至今还记得，这个想法让我自己都大吃一惊。

当时，在我的大脑里，运动这件事已经从“有时不得不做的辛苦活”变成了“令人心情愉快的事情”“做完后会有很大的成就感的事情”。

戒糖的信号

当你不想要的习惯被成功戒掉时，也同样是能感知到的。在我连续用三周的时间戒掉甜食后的某一天，我在面包房看到了刚出炉的奶油面包、奶油夹心三明治，我发现自己并没有产生任何想法。虽然当时肚子很饿，但心里只是“哇”地感叹了一下而已。据说，日本的点心因为做得特别甜，而受到外国人的好评。但我想这也许就像日本人吃了国外那种特别甜的点心的感觉，是一样的反应吧——只是一种场面话。

要是以前，面对这么多的甜食，我肯定需要运用意志力克制自己——“好想吃！可是，我必须让自己忍住”。而现在，大脑中这种“想吃甜食”的神经回路已经处于休眠的状态。所以，这些面包对我已经没有诱惑力了，自然也就没有了将其拒绝的冲动。这就是我的身体已经戒糖的一个信号。

有句话说“答案并不是死的”，也许说的就是这个意思吧。我并不知道到底要用多少天才能养成习惯，但是，当答案出现的时候，自然就能感觉到。

成功会在无意识的情况下到来

当你能够在下意识中实践极简主义的时候，你就成了一名真正的极简主义者。连下意识的行为中都融入了极简主义的思想，这种状态可以说就是“最终的成功”。

对于习惯来说，同样如此。当你并没有对习惯本身有所意识的时候，也许该习惯就已经养成了。去健身房锻炼需要坚持 5 天的时间，才能见到效果，但是此时你肯定还是会意识到“必须让自己坚持下去”。而现在，你不需要再为坚持去健身房做什么，也不需要特意有这方面的意识，只是感觉自己一直在做这件事而已。

你也不会再想着要将自己的习惯发布到 SNS（社交网络）上去。因为，“今天跑了 10 公里”——这对自己来说，已经是理所当然的事情了。也许，你头脑中还会冒出“今天不想去健身房”的念头，但是在这个过程中，你会觉得“还是应该去吧”，于是便又去了。

如果你还在担心习惯会不会被破坏的话，则说明你还没有成功。所谓的“成功”，就是即使某些习惯真的难以保持下去，但你依然不会就此放弃。就像刷牙一样，如果今天没有刷牙的话，总会感觉很别扭。当你一直做某事，但又没有意识到这是自己的一个习惯时，说明这就是你真正的习惯了。

STEP 42 “做”胜过“不做”

村上春树在《当我谈跑步时我谈些什么》一书中，提到了自己对奥运会长跑选手濑古利彦的采访：

我曾经问他：“即使是像濑古君这样级别的长跑选手，也会有‘今天就是不想跑步’‘感觉很厌烦’‘就这样在家里躺着也挺好’的想法吗？”濑古利彦听后怒目圆睁，然后用了类似“这人怎么会问出这种傻问题”的语气来回答我：“那还用问！这是常有的事情！”

我一直想从濑古君的口中得到这个问题的答案。虽然我与对方在肌肉力量、运动量、动机水平等方面有着天壤之别，但我还是很想知道清晨早早起床、系慢跑鞋鞋带时，他是否也和我有相同的想法。而濑古君告诉我的答案，让我从心底里松了口气：啊哈，大家果然都是一样的！

在写这本书时，村上春树已经在超过 20 年的时间里，每天都坚持慢跑。即便如此，他也有不想跑步的时候。就如同濑古君的回答让村上松了口气一样，村上春树所说的内容，也让我感到松了一口气。

习惯虽然都是在下意识的前提下做出的行为，但并不是说总能无须思考便做出选择，或者内心毫无纠结挣扎的时候。总体上进展顺利的习惯，也会有“今天不想做”的时候，这是生而为人肯定会遇到的情况。

在坚持习惯的过程中的确会感到痛苦，但是，与后悔自己当初没有做相比，还是“去做”更好一些吧。而且，积攒失败的经历会让习惯的“回报”也变得更多。如果不去做的话，到头来自己还是一样会后悔，而且会产生“自我否定”的感觉。所以，你知道该如何选择了吧？

STEP 43　一点点提高难度

在保持习惯的过程中，多少会产生一些厌烦的感觉。例如，早起做瑜伽、做运动等带来的成就感和神清气爽的感觉，会随着每天的坚持而变得越来越少。

如果把难度定得过高的话，就只会给大脑留下“辛苦”的印象，从而难以坚持下去。太过容易的话，又会因为没有成就感而感到厌烦。正因为有了负荷，才会使我们分泌出适量的皮质醇，从而产生满足感。没有压力，也就没有喜悦。

健身房的教练常会被问："什么时候能加大重量？"正确的回答就是"当你感觉轻而易举的时候"。在不知不觉间，我们也可以做到边哼歌边开车了。之前跑得上气不接下气，现在也可以做到脑子里边想事情边跑步了。当你发现原本困难的事情都变得简单了，或者感觉不到效果的时候，就应该提高难度了。

根据心理学家契克森米哈的研究显示，当人们以忘记时间的状态投身于某件事情时，就会感到非常充实，这一状态被称为"心流"。只有在挑战那种对自己来说既不太难也不太容易的事情时，才会有这样的状态。我在撰写本书时，写到逻辑不通顺、太过专业复杂的部分时，注意力很快就会分散。以我自己的切身体验，能更好地理解这一点——当我集中精力写难度适中的部分时，就会真的忘记时间。

在不知不觉间自然地提高难度

一下子突然提高习惯的难度，就很难再让自己坚持下去。所以，最好一点点地提高难度。

如果你想比现在早一个小时的话，可以每天都把闹钟设定得比前一天早5分钟。今天比昨天提前一个小时起床，那太有难度了，但是只提前5分钟的话，就没那么难了吧。每天都比前一天提前5分钟，坚持12天，就能做到提前一个小时了。

我在跑步机上锻炼时，每次都会把时间设定得比上次多1分钟，时速也会比上次快0.1公里。像这样一点点地提高难度，就能毫无挫折感地持续成长。

成长需要有意图的练习

据说铃木一郎会对每一次的击球都进行思考。即便成功击球，但如果不是自己事先所想的结果，仍不会感到满意。

职业电竞选手梅原大吾也说过："如果不思考，无论练多长时间，都不会有进步。"无谓地拉长练习时间，并不会带来任何效果。篮球运动员在练习投篮时，并不是简单地统计练习的次数，而是每投一次球都会变换一下位置。如何左右晃动、如何运动手腕——在这些方面都会有意识地做出细微调整。在提前预想的同时，不断地做出修正，这种方法就叫作"有意图的练习"。

任何事情在成为习惯以后，都会变得更加简单容易。然而，总是面对同样的难度，就会让人渐渐变得漫不经心。当我们感知到新鲜感时才会分泌出多巴胺；当我们的感受超出了舒适区时，神经元之间才会开始结合。

所以，如果总是只做相同的习惯性行为，我们就无法获得成长所必需的刺激。做瑜伽的时候，可以把腿劈得比平时更开一些，让自己感受到疼痛；在想要停下的时候让自己再多坚持一会儿，这样才能有所成长。在已经十分努力的时候，让自己再多迈出去一步，才能让我们更好地成长。

STEP 44　通过低谷期的考验

哪怕你已经养成了很多个习惯，仍会有“总感觉提不起劲”的时候。此时的对策就是要在形式上坚持下去。

《微习惯》的作者斯蒂芬·盖斯推荐的做法是，一旦习惯被养成以后，就绝对不要把目标再提高上去了。例如，虽然你的体力能使你做完 100 个俯卧撑，但目标仍然可以是只做 1 个。写日记或博客成为你的习惯以后，虽然你已经能做到每天写 1000 字了，但给自己制定的目标仍可以像当初一样，只要写 100 字就好。所以，当你总感觉提不起劲的时候，只做一个俯卧撑或是只写 100 字都是没问题的。

正如我多次强调的那样，自我否定的感觉会使意志力减弱。“今天没有做”或者“没达成目标”所产生的自我否定感，会使接下来要做的习惯性的事情变得更加困难。因此，哪怕只是在形式上，也要让自己坚持下去。这一点至关重要。即使今天所完成的任务少之又少，但只要坚持做了就是好事。

成长不会带来动机

做好一件事所带来的回报，也就是这件事本身。

——伏尔泰

即使你一直坚持自己的习惯，也不会让自己永远有自我成长的感觉。所以，如果你将此当作回报或动机的话，将很难再坚持做下去。

例如，做瑜伽这件事。最开始的两个星期里，你的身体很快会变得比以前更柔软，这让你很开心，于是便会继续坚持下去。但是，在之后的过程中，即使你每天都做瑜伽，也不会让你的身体柔软度有进一步的提升了。有时候，即使你感受到了成长，但像“今天的脚腕比以往绷得更紧”这种事，也不再能引起你的兴趣了吧。像“一个月掌握劈叉的练习法”这件事，我也曾努力坚持练习了半年，可惜最后仍然完全做不到。

当你期望将成长当作对自己的回报时，你就不想再继续坚持下去了。而且，几天不练的话，身体又会变得僵硬，这会让你感到现实太残酷。学习英语也是同样的情况。某一天你会突然发现自己能听懂了，明白对方在说什么了，但那也是要经过很长一段时间以后才能做到的，而在这期间，你几乎感觉不到自己有任何的成长。人的成长总是会伴随着“停滞期”和“突破点”，如果反映到图表上的话，其并不是一条朝着斜上方画出来的直线，而是高低起伏的曲线。所以，如果你将成长视作对自己的一种回报，那么当出现倒退情况时，就会想让自己放弃了。

要想让自己坚持下去，就不要将成长当作回报，而要在行为本身中去寻找。例如，今天也把习惯坚持下来了——这种自我肯定的感觉，就可以当作一种回报。这才是最重要的。

当你看不到自己的成长时，也许可以把自己想象成一个蝶蛹。蝶蛹从外表上看似乎一直毫无变化，但是里面却一直在变化。成长的喜悦就像是濒临倒闭的公司所发放的奖金一样，偶尔能拿到的话，纯粹是运气好而已。

STEP 45　越努力越高涨的自我效能感

“无知”与“自信”是人生所必需的，靠这两样东西必然能给你带来成功。

——马克·吐温

在第 17 个步骤里，我介绍过心理学家帮助病人一点点地克服对蛇的恐惧心理的方法。其实，这个故事还有续集。有意思的是，那些克服了对蛇的恐惧的人，对其他事物也同样不会再有不安感了。就好像你醉心于做某事，即使遭遇了失败也不会气馁一样。班杜拉将此称作“自我效能感”。

简单来说，自我效能感就是觉得“自己能做到”的想法。这是一种认为自己能做出改变、能获得成长、能学习新知、能战胜困难的信念。

我在成功戒酒之后，开始尝试戒糖时，就产生过这样的感觉——“连酒我都能成功戒掉了，怎么可能戒不掉糖”。

当你在某件事上取得成功以后，就会感觉“接下来再次获得成功”将不再是件难事。那些在实验中成功获得两颗糖果的孩子，也许在成长到四五岁的这段时间里，就已经有过多次克服困难、获得表扬的经验了吧。

反之，如果总觉得自己做不到、无论做什么都会失败的话，那么也许让自己尽早地放弃才是最合理的选择。反正这一次同样也是要失败的，所以干脆连纠结的时间都省算了。虽然眼前的糖果数量很少，但是也不想让自己再长时间地忍耐，所以在看到糖果的一瞬间就将其吃掉才是最好的方式。

糖果实验的设计者沃尔特·米歇尔如是说："对成功抱有极大期待的孩子，即使遇到了新的难题，也会因为过往成功的经历而表现得非常有自信。因为他们从未想过会失败，所以愿意迎难而上。"

我说过，当你想要开始做某件事情的时候，最重要的就是"什么也别想，先试着去做"。而真正能做到这一点的人，往往都是积累了各种成功经验。

只要不畏惧失败，就会越来越成功。在面对新的难题时，才能轻松去应对。

从收拾房间开始产生的自我效能感

在糖果实验中，愿意等到最后的孩子们，其考试的成绩和健康状态等方面都有着较好的表现。

我想，这就是觉得"自己能做到"的自我效能感在各方面发挥作用的结果。

我自己也是这样的。从收拾房间这件事开始，我变得不再对家务活感到厌烦，并且想要在各个方面提升自己的生活品质。在成功做到坚持早起和去健身房之初，我确实感受到了非常大的成就感，所以哪怕后来做事有些磨磨蹭蹭的，仍会有满足感。在我很轻松地做到了早起和做运动以后，内心就产生了想要有更多负荷的念头。

养成一个习惯之后，你就会想要继续培养其他的习惯。通过养成某一个习惯，使自我效能感得以增强，从而让培养下一个习惯变得更容易。这也会在其他各个方面给你带来正面的影响。

STEP 46　引起连锁反应

我养成做运动的习惯也是最近才做到的事。我自从搬到乡下以后，每次出门，要么是步行，要么就得乘车。所以，偶尔走了很远的路时，连自己都会感到惊讶，原来我已经能走得这么快了，感觉腰和腿的肌肉都绷得紧紧的。就好像在漫画《七龙珠》中，孙悟空和小林两个人在卸下修行时所穿的重盔甲后，感觉自己身轻如燕。

据说走路慢的人有患抑郁症、身体机能和认知能力低下等各种风险。当你感觉身体变轻了以后，走起路来也会更加英姿飒爽。

开始锻炼身体后，日常生活也会变轻松。上楼梯的负荷什么的，都变成了“零”，再也不用去挤人满为患的电梯了。身体变得越来越结实，胸也不闷了，气也不短了。

已经养成的习惯将会成为对自己的奖励

由于各个习惯是在不同时期开始培养的，所以其中肯定会有在现在看来难度较低、做起来较轻松的事情。对我来说，写日记就是这样的一个习惯，它早已不再是难事了。当我把一些负面情绪都写到日记里以后，心情很快就会多云转晴。所以，日记之于我，就是一个能令人开心的奖励。

跑步这件事也一样。以前，我会想着“如果能养成跑步的习惯，我就奖励自己好好大吃一顿”，但是我发现不知从什么时候开始，这一想法就变成了“这件工作完成以后，就可以去跑步了”。以前看似困难的事情，转变成了自己不可或缺的习惯，成了对自己的一个奖励。

坏习惯消失了

不管我有什么样的压力，只要一写日记，心情立马就轻松起来。心情不佳时，如果能去跑步，也确实会有所好转。我相信即使面对更大的压力，也能像这样去化解掉，所以就没必要再让自己暴饮暴食或冲动消费了。这些习惯形成了一个良性循环。而在旁人看来，就会觉得那个人非常自律、意志力很强。

STEP 47　习惯也大有用处

我们的生活，不过是由一堆习惯构成的。

——威廉·詹姆斯

本书中所介绍的培养习惯的思路，其实也可应用到生活中的方方面面。例如，我吃饭的速度一直很快，虽然想要改正，但总也不成功。和女性朋友一起吃饭时，一不留神就因为吃得太快而造成了尴尬的局面。

细嚼慢咽有助于抑制食欲，也有益于消化。我明知这是一件好事，可就是怎么也做不到。对于习惯来说，离不开回报与惩罚。

所以，我也想借鉴这一思路。于是，我规定自己的休息时间取决于吃早饭时所用的时长。也就是说，如果我很快就吃完的话，作为惩罚，我的休息时间也会相应地被减少；而如果能慢慢吃的话，回报就是可以好好地休息一段时间。这一做法确实在一定程度上产生了效果。

美国进行的一项调查显示，有接近 55% 的成年人，虽然医生开了处方药，但并没有吃。看来许多人难以体会到药物带来的回报——有疗效。所以，吃药这件事难以变成习惯，反而很容易被忘记。就像之前提到过的，要想让自己记得吃药，就需要用每天都做的一件事作为触发要素。我们每天都会用吹风机、都会刷牙，所以，提前把药放在做这些事情时触手可及的地方，你会发现将大有改善。

饮食的习惯、金钱的习惯

在我看来，吃饭这件事也是一种习惯。一日三餐我都自己做，菜谱也几乎从未变过。每隔三四天我就去一趟超市，每次都买相同的食材，制作相同的料理——这已经成了一种惯例行为。由于每天的饭量都一样，所以也不会出现做多了，为了不浪费而吃得太多的情况。美味的外卖当然也很不错，但是有规律的饮食才能避免肥胖。

而像金钱这样的问题，也同样可以当作习惯来对待。日本人向来有储蓄的习惯，而美国人则很少会有存款。据美国一项以7000名成年人为对象进行的调查显示，69%的人存款数额在1000美元以下（折合人民币约6800元）。

据说，很多美国人到了65岁以后，才惊讶地发现自己的储蓄如此之少。看来，大多数人都没能做到为了自己的晚年，而对眼下的快乐有所克制。

这种时候，我们可以通过设置门槛来控制自己的行为。在美国某大型企业里，如果将“是否加入”作为一个选项供员工选择的话，那么，入社一年后参加“401K计划①”的人的比例仅为40%；而如果改成默认都参加，想退出则需要办理手续的话，这个比例就上升到了90%。也就是说，如果把加入的门槛降低、退出的门槛提高的话，就使个人养老金这样的大问题得到了改善。

习惯在人际关系中的应用

这种思路同样可以运用到人际关系中。当你看到厕所的手纸

---

① 401k计划始于20世纪80年代初，是一种由雇员、雇主共同缴费建立起来的完全基金式的养老保险制度。

用完时（触发要素），不是指望下一个使用的人更换它，而是亲自去更换（惯例行为），这会让你感觉自己很熟练地干了家务活（回报）。

养成了这样的好习惯，能让你避免与太太发生无谓的争吵。

培养习惯的过程中，“规划日期”的技巧实际上也能在许多方面发挥作用。我的中学同学会已经连续举办了 15 年，但是每次都把日子选在 12 月 30 日这天。当我知道每年的这一天都要开同学会后，头脑中就会对这个日期有所意识，会尽量安排好自己的时间。这样一来，参会率就变得很高了。

在处理与友人的关系时，运用这一思路也会很有效果。我跟另外两个人组成了“友情铁三角”，每次见面都是在各自过生日的时候。由于日期是固定好的，大家都能来参加，所以这一习惯才能常年保持下去。

这一思路在恋爱关系中同样有用武之地哦。人们常说“勤劳的男人才最受欢迎”。确实，接触的次数多了，作为回报，被夸赞或者被表白的次数也自然变多了，说不定女性开始对你有所期待了呢。当然，给对方造成困扰的情况也是有的，所以请把握好这个度。

在应付追求者时，也可以使用我们在培养习惯时所用的技巧。想拒绝追求者，但是又怕伤害对方的感情，所以每次对方一联络自己，就不得不回应对方。这样一来，对方会把对这种回报的期待变成一种习惯。所以，有时完全切断联系也是一种有效的做法。

STEP 48　打造最适合自己的习惯

我并不认为大家的想法全都一致才是最好的。正因为存在不同的意见，才能分出孰优孰劣。

——马克·吐温

铃木一郎在回忆早年间高强度的训练时，说过这样一番话：

“我的 18 岁、19 岁、20 岁都是在欧力士猛牛队[①]的集体宿舍中度过的。当时，每天都要练习到夜里两三点钟，要击打几百个球。现在回想起来，才知道那不是一种合理的训练方法。不过，即使当时有人这样说，我也根本听不进去。如果没经历过那种高强度的练习，我还会有今天这样的思维方式吗？”

本书想要传达给读者的意思也是一样的。我之所以想要戒酒，并不是因为自己认识到了喝酒的坏处，而是内心那种后悔的经验

① 日本职业棒球队，该球队成立于1936年，现隶属于日本职业棒球太平洋联盟。

不断积累后的结果。没有体会过这种后悔情绪的人，也就不会想到要去戒酒。我之所以觉得必须养成更好的生活习惯，是因为我深刻地体会到了不够自律的生活方式所带来的痛苦。

我撰写本书，就是不想让大家也跟我受一样的罪。同时，也希望各位读者在反复的实践与失败的过程中，能找出适合自己的方法。

通过学习书本上的知识，能够让我们在具体实践之前就事先了解到可能会落入的陷阱的具体位置。但是，你没有掉进过陷阱里，也就不能真实地感受到那种痛苦。因为经历过这种痛苦，你才会时刻想着下次不要再掉进去。所以，我想做的并不是在事前将所有陷阱的位置都告诉给你，而是要让你知道，无论你多么小心，还是会有很多陷阱存在的。我能做的只是唤醒你对这种陷阱的警惕意识而已。

希望你能培养自己独特的习惯

我以前一直以为自己是个“夜猫子”，但后来成功地调整了自己的作息时间，转变成了“白天工作型”。而且，能在一天的最开始就让自己拥有一个好心情。我相信这在某种程度上也同样适用于其他人，所以，我建议感兴趣的人都来试一试。

然而，长期在报纸上连载四格漫画作品《人小鬼大》的植田正志[①],他的生活方式就与我完全不一样。他每天夜里3点半才睡觉，直到早上10点半才起床。因为，每天来取漫画原稿的人都是下午3点半才来，所以他是根据“截稿时间”来反推自己的作息时间的，他认为早上10点半起床最合适。

这种对自己来说最合适的感觉才是最重要的。如果有人特意模仿我所坚持的习惯，确实会让我感到欣喜。但是，我们的年龄、性别以及居住的场所不尽相同，无法真正养成相同的习惯。这就好像你去劝相扑运动员减肥一样，会毫无结果。每个个体的状况都是不同的，所以我们一定要培养适合自己的独特习惯。

不过，即便具体状况不同，有些必要的事项还是相通的。例如，做记录。无论是处于什么样的状况（心情、健康、季节、忙碌程度）之下，都要把你能够坚持和无法坚持的习惯一一记录下来。这样的话，当你再次遇到相同的困难时，才能想出解决的方法。如果大家能从本书中学会这一点，那我将十分欣慰。

事实上，并不存在所谓的应该培养成习惯的范例。重要的是，你要学会独立思考。

---

① 出生于日本东京都的四格漫画家，代表作品有《西瓜皮先生》《人小鬼大》《顽皮大师》等。

STEP 49 习惯也会崩塌

"习惯"是如此令人吃惊的牢固，又是如此令人吃惊的脆弱。

——格雷琴·鲁宾

冥想就是要让游走的意识重新回到我们的呼吸节奏里，但是其回来了以后，又不知道飞散到哪儿去了。关于这种情况，僧人小池龙之介有过一段形象的描述："想要骑到马背上，结果却被抖落了下来。不过，无论摔落多少次，都还是想再次骑到马背上去。"

冥想就是我想要养成的诸多习惯之一，而这段有关冥想的描述，也同样适用于所有其他的习惯。无论你多少次养成了该习惯，也总是会不断"摔落"在地。习惯在养成之后，也是会崩塌的。关键是你要能让自己再一次站起来，继续去尝试挑战。

写下"复活咒语"

由于在旅行的途中，每天都过得与平时不一样，又或者由于受伤等原因，导致在这几天至几周的时间里，你已经培养好的习惯崩塌了。

面对这种情况，你的对策之一就是在能成功坚持习惯的时候，将其具体的流程仔仔细细地写下来。我自己则会用之前所介绍过的“规划时间”的方式，来对习惯进行记录。将自己在实践该习惯时所用的方法也写下来，这样才会让你无论何时都能重新恢复这一习惯。

人都是会健忘的，所以只有写下来才能回想得起来。我们也可以照着所写的内容，来重新恢复习惯。就像《勇者斗恶龙Ⅱ》[①]中用来取代游戏存档的“复活咒语”一样[②]，我们要事先给自己也留下一个这样的东西。

不过，“复活咒语”也不是万能的。像搬家、跳槽、结婚、生子等这些状况，会使那种与生活环境共存的习惯发生改变。

但是，即便生活中发生了这些变化，之前所介绍的培养习惯的方法仍然会很有帮助。为了送孩子上学而早起、每天放学接孩子回家、出门遛狗等——说不定你又会养成很多新的习惯。

不仅仅是生活的环境，我们自身也在一点点地发生着变化。当然，我们会越来越衰老。不需要去查阅生物学的书籍，我们也能感受到“昨天的自己”与“今天的自己”多少有些不同。因此，为了适应自己的这种变化，我们必须不断地对习惯进行调整。

---

① 由堀井雄二及其工作室Armor Project所开发的角色扮演游戏（RPG）。

② 在游戏菜单中输入代码，就能直接跳至相应的关卡继续玩。

要想养成习惯，就不能丧失新鲜感

作家尼科尔森·贝克总是基于自己的习惯来工作，但是每次在创作新书时，也会尝试稍微不一样的做法。例如，会像这样——“从今天开始就穿着拖鞋，坐在背阴的阳台上，从下午 4 点开始写作”，他以此来保持习惯的新鲜感。所以，针对本书中所写的一些习惯，为了不让自己产生厌烦情绪，我也会不时地调整自己的习惯。

关于改变这件事，可以参考梅原大吾所说的话：“改变自我的诀窍就是，不要总想着‘这么做会让自己变得更好吗’。倘若真的变得更糟的话，等你意识到的时候，再改变一次也来得及。”也就是说，如果改变不成功的话，那就再次做出改变。

保持习惯，并不等于固执地对待已经养成的习惯。

STEP 50　培养习惯没有完成时

只要还活着，就要学习如何生存。

——塞涅卡

对于“极简主义”，我犯过一个错误，那就是总认为其有“已实现”的那一刻。

有一段时间，我将不需要的东西扔掉时，总会想着这就能让我从对物品的厌烦中解放出来了。

当我像史蒂夫·乔布斯那样，找到了适合一生穿着的衣服后，也会感到非常轻松——“这一生只穿白衬衫就好了，太方便了！”但是，从东京搬到乡下住以后，才发现根本没有机会穿特别易脏的白衬衫。

而且，依着我自己的兴趣爱好，总是要接触一些新的事物，然后丢弃一些旧的事物。正因为不存在“完成时”，所以每次都能感受到断舍离所带来的喜悦感。

我想要培养的习惯也是一样，没有“到此为止”的时候。所以，我才会说培养习惯没有所谓的“完成时”。即使你已经养成了一些习惯，也仍然会想去挑战更难的课题。

一直培养新的习惯，也是一种习惯

目标总会在我们的前方。

——甘地

人无远虑，必有近忧。

看似平静的生活中，也会不断地冒出各种各样的问题，以及必须得扛过去的悲伤情绪。不过，在解决这些问题的过程中，我们也能获得回报。然而，新的问题又会接二连三地出现。难道就没有什么能让我们感到喜悦的事情吗?

养成了习惯，并不意味着就到此为止了。我们要不断地微调自己的习惯，然后培养新的习惯，让培养习惯这件事也成为一种习惯。

培养习惯没有完成时。

一直培养新的习惯，也是一种习惯。

第四章

我们都是由习惯构成的

We are made of habits

从习惯的角度来看努力的真相

我回想起来，父亲曾多次对家里养的那只猫说“你可真是悠闲哪”。因为猫一直就那样躺着悠闲度日，确实让人看了会心生羡慕。小鸟天生就会歌唱，无须人教就会跳求爱的舞蹈，而人类如果想要学会某件乐器或某种舞蹈，就必须付出努力。为什么只有人类要如此努力呢？

我以前会把人生看作“一场忍受痛苦的比赛”，只有忍受得了这种“努力”之苦，才能最终胜出，陶醉在胜利的喜悦之中。但是，现在如果从习惯的角度再来看的话，努力的真相似乎就完全不是这样了。

通过第一章的内容，我们知道了人的意志力会在何种情况下产生和消耗；

通过第二章的内容，我们了解了在旁人看来完全是痛苦的行为中，其实也蕴含着回报；

通过第三章的内容，我们学习了将某个行为变成习惯的具体方法和思路。

在掌握了有关习惯的各种知识以后，接下来我们应该试着去探究“努力”“才能”等这些概念的真相。当然，要想完全弄明白是不太可能的，但至少我们能了解个大概，而且能知道这与我们平时所理解的存在着什么样的区别。

铃木一郎并没有一直在努力吗

首先，我们来就“努力”进行一番思考吧。人们常用“渗出血来”这样的词语来形容忍受“努力”之苦的感觉，然而事实真的如此吗?

例如，职业运动员铃木一郎从孩童时代开始就玩命地练习棒球，他在小学六年级的作文中就写到“365 天里有 360 天，我都在进行严酷的练习”。在欧力士猛牛队效力的时候，其他球员只用 20—30 分钟就能做完的击打训练，他会练上 2—3 个小时。仰木教练看到铃木一郎如此拼命练习的样子，就说 :“仅靠那样练习就肯定能赢了，普通球员连这种高强度的练习都完成不了呢。”

即使现在效力于美国职业棒球大联盟，当赛季结束后，其他球员都在休假时，铃木君依然会一个人到球场训练。他表示，虽然这一年度的比赛都结束了，但训练还是要继续坚持下去。旁人怎么看都觉得这是一种很艰苦的努力，可是，铃木一郎却总是说“我并没有一直在努力”。

村上春树的努力没什么了不起的

我们多次提到过的村上春树，他在创作长篇小说时就规定：每天都要写满 10 页稿纸，而且还要进行一个小时的慢跑或游泳。

但是，村上春树在接受专题采访时却表示："简单来说，无论是工作上的事情还是工作以外的事情，我都只会用自己喜欢的方式去做喜欢的事情，并不是旁人所认为的那样自律。为了自己喜欢的事情付出一点努力，这并没什么了不起的。"

看起来一直在不断努力的人，反而却说自己并没有在努力，或者付出的努力没什么了不起的。我一直把这当作一流球员和作家的"谦逊之词"。当然，即便我们无法轻易想象出那种努力的状态，但也至少能明白其意义所在。

我们之所以会有误解，也许是因为"努力"一词常常具有两种含义。

将"努力"与"忍受"区分开来

我认为，最好将"努力"一词所具有的含义区分为"努力"与"忍受"。

关于二者的区别，我是这样认为的：

·“努力”就是指付出了代价，可以获得对等的回报。

·“忍受”则是指付出了代价，却并不能获得相应的回报。

特别是在日本这个国家，人们很多时候其实是在忍受。例如，在公司上班这件事，意味着可以获得工资作为回报。但是，为了拿到工资，人们不得不付出各种代价。首先要付出的就是时间成本。除此之外，还有：

·不能自己决定上班和下班的时间。

·不能无视自己厌恶的上司、合作商、顾客。

·即使感觉非常疲劳，或者要养育子女，也很难请假休息。

·对工作职责的划分不清楚，只要是别人交代的事情，就必须去做。

像这样，根据公司形态的不同，我们要付出各种不同的代价。当然，上班除了能获得工资以外，还有其他的回报：

·工作中受到同事或上级的表扬。

- 团队协作完成任务时有集体荣誉感。
- 你的工作能给他人带来有益的帮助。

但是，如果每天都不想去上班，却仍要坚持的话，那就是接近忍受的状态了。当自己付出的代价能够获得对等的回报时，人们就愿意主动去做；而当付出的代价大于所获得的回报时，人们就不愿意去做了。

是不是自己做出的选择

区分“努力”与“忍受”的要点，除了得到的回报是否与付出的代价对等以外，还有一点就是这个是不是自己做出的选择。

在“萝卜实验”中，只允许吃萝卜的学生，他们的意志力看起来呈下降的状态。但是，我们也可以这样来理解：眼前虽然有巧克力曲奇饼，却被告知“你们只能吃萝卜”；而如果不是被下禁令，而是自己主动选择吃萝卜的话，他们的意志力应该不会下降。

因为被某人下达了“禁止这样做”的命令，所以导致自己丧失了选择权——这件事本身才是压力的真正来源。

我们来看下面这项实验：

两只被分别关在不同笼子里的老鼠，非常可怜地承受着电击。

在这两个笼子里，只有一个笼子里设置了拉杆，只要那只老鼠按下的话，这两只老鼠都能逃离电击的伤害。结果显示，笼子里没有拉杆的那只老鼠，表现出了慢性压力的症状——体重减少，出现溃疡，患癌的概率也开始增加。虽然两只老鼠承受电击的时间是一样的，但是有能力按下拉杆，让自己回避电击刺激的那只老鼠承受的压力显然要小得多。

是自己做出的选择，是自己想要做的事情，就会有耐心，能够付出必要的努力，这就是“努力”的状态；反之，如果不是自己主动选择的，不是自己想去做的事情，那么这种忍耐也就只能算是“忍受”的状态。习惯之所以能被坚持下去，就是因为那是我们自己所选择的行为。人们常说“兴趣才是最大的动力”，即便那件事会带来莫大的痛苦，我们也会心甘情愿地去承受。

习惯也需要经历“忍受”的阶段

所谓“忍受”，感觉就像是看不见山顶和下山的路，自己一直在攀登一座座只有上山之路的山峰。

而“努力”则不是这样。当然，上山肯定是很辛苦的，但登上山顶的那一刻会让你有成就感，下山时的心情也会非常愉悦。这就是你付出以后获得的对等回报。

我认为，在培养习惯的初期，也必须经历一段“忍受”的时期。最开始时，只会感觉到辛苦，身体会感到很疲惫，这就是我们要付出的代价。所以，有人才会只有三天的新鲜劲儿。

扛过这种“忍受”时期的方法，可以参考第三章中所介绍的内容。只要能扛过这个阶段，就能进入“努力”的状态。只要进入这一状态，习惯就不再只是非常辛苦的行为，而能让你获得更多的回报。

“忍受”与“努力”的区别

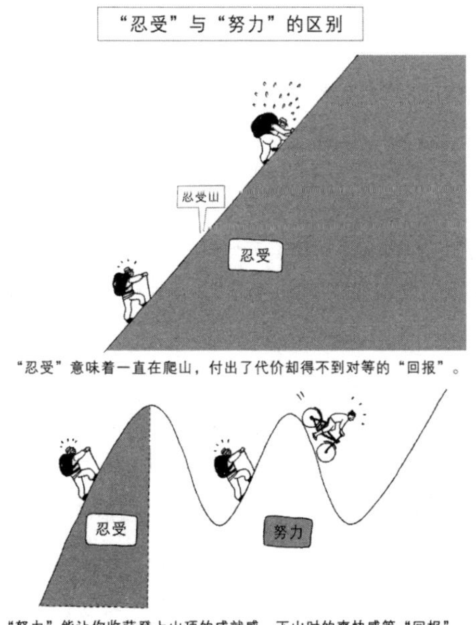

“忍受”意味着一直在爬山，付出了代价却得不到对等的“回报”。

“努力”能让你收获登上山顶的成就感、下山时的爽快感等“回报”。
但是，在培养“习惯”的初期，也要经历“忍受”的阶段。

只要付出符合自我基准的努力就好

有时候，看到他人所付出的努力，会让你颇受刺激。例如，咬紧牙关发出怪叫的同时，奋力举起 100 公斤的杠铃——当你看到这样的人时，会觉得自己所付出的努力还远远不够。

但在我看来，那种人生第一次走进健身房，在什么都不懂的情况下，就要求举起 20 公斤的杠铃的人，他所付出的努力，并不比那些能熟练举起 100 公斤杠铃的人差多少。对于自己所付出的努力到底是何种程度，我们应该在心里有一个比较易懂的评判标准。

关于这个评判的标准，在《只有运动才能锻炼大脑》一书中介绍过。下面，我想介绍这本书中自己最喜欢的一个案例。

中学体育老师菲尔·罗拉在体育课测验中引入了“心跳数值”的概念。他让不善运动的 11 岁少女带着心率计去跑步。因为不善运动，所以跑步的计时成绩并不佳。但是，菲尔·罗拉不是通过时间来做评判的，他在看过这位少女的心跳数值以后，改变了自己的评判标准。一般来说，用 220 减去自己的年龄，就是理论上的最大心跳数值。当菲尔·罗拉看到这位少女的心跳记录时，简直不敢相信自己的眼睛——她的平均心跳数值为 187 次。

11 岁的年龄，最大心跳数值大约应该是 209 次。在冲线的一瞬间，心跳数值才有可能会上升到 207 次。也就是说，这位少女一直都是在全力奔跑。

菲尔·罗拉在回忆当时的情况时这样说道：

"'喂！喂！这不会是真的吧？'我脱口而出这句话。要是以往的话，我肯定会走到她身边，鼓励她要更认真地跑步。"

"现在回想起来，因为得不到老师的表扬，很多学生都变得讨厌运动。而实际上，那个女生在体育课上所付出的努力比任何人都要多。"

"以最快的速度跑完"和"尽自己的全力去跑"是完全不同的两回事。不知为何，每次读到这个案例，我都会流泪。那位不善运动的少女，是拼尽了自己的全力在跑，付出了比任何人都要多的努力。

用习惯来解读何谓"才能"

所谓"职业作家"，就是不会终止写作的"业余作家"。

——理查德·巴赫

在培养习惯的过程中，让我对"才能"一词的思考有了变化。

此前，我一直坚信才能是被上天赐予的。这种与遗传因子有着紧密的联系、与生俱来的东西，将人们分成了“有才能”和“没有才能”两个群体。而我感觉自己是属于天生“没有才能”的那一类型，所以认为这非常不公平。

但是，很多看起来天生有才能的人，却被他人或自己说成“没有才能”。这又是为什么呢？后面我会来慢慢解释。

天才也可以没有才能

高桥尚子是悉尼奥运会女子马拉松比赛金牌获得者。她的教练小出义雄却曾经对她说：“你本身并没有长跑的天赋。因此，必须坚持世界最高难度的训练才行。”

达到某个运动项目的巅峰，获得奥运金牌，这怎么都应该与天赋有关吧，肯定得是天才级的选手吧？可为什么结果却并不是这样的呢？

本书一开头所提到的作家坂口恭平曾说过：“曾有人告诉我，‘正因为你有才能，所以才会如此与众不同’。可在10年前，也曾有人对我说过‘你没有什么才能，还是尽早放弃吧’这样的话（笑）。在那以后还能坚持下来，我真的很了不起吗？”

村上春树在 29 岁以前一直是一个“享受人生”的人，只要能读书、听音乐、养猫就够了。在后来的采访中，他也曾表示：“当时的自己从未想过，也许能从事什么创造性的工作。因为，我相信自己没有那种才能。”但是后来他成了一位职业小说家。

爱因斯坦和达尔文也都是凡人

天才们都会异口同声地表示自己是凡人。达尔文在他的自传中曾感叹自己是一个缺乏直觉的理解力和记忆力的人；爱因斯坦也表示自己并不是头脑特别聪明的那种人，只是愿意用更长的时间去思考问题而已。如果像达尔文、爱因斯坦这样的人都不是天才的话，那还有谁能说自己是天才呢？

达尔文认为自己若有胜过常人之处的话，那就是能一直保持对研究自然科学这件事的热情。爱因斯坦也说过类似的话——“我并没有什么特殊的才能，我只是好奇心特别旺盛”。

两人都不约而同地声称自己不是特别优秀的人，但是，却对自己的事业有着用不完的热情，因此，在面对难题时能用很长的时间去解决它。比起优秀的天赋来，那种坚持到底的精神才是最重要的。

那么，这是不是说才能并非上天所赐予的，而是原本所有人都没有，需要后天去努力获得才行呢？

才能并不是稀罕的东西

安森·多兰斯是美国女子足球运动史上获胜次数最多的教练，在他执教生涯的31年间,共获得过22次全国胜利。关于“才能”，他说过这样一番话：

“才能不是什么稀罕的东西。能否成为伟大的选手，要看你为了施展才能付出了多大努力。”

他直言自己所带领的球队之所以能取得辉煌的成绩，并不是因为自己是能发现球员才能的伯乐，而是我知道如何训练这些球员。

才能的真相很无趣

所谓“冠军的姿态”，其实是谁都看不到的一直满身大汗、气喘吁吁、筋疲力尽的样子。

——安森·多兰斯

之前，我介绍过常年跟随优秀的游泳选手进行研究的社会学家丹尼尔·钱布林斯。他在论文中这样写道：

· 最强的实力，都是无数小技能和行为所累积的结果。

· 选手们所做的事情，没有任何特别或超出常人之处。

· 不断地积累，才能达到卓越的水准。

他的那篇论文所说的内容，恐怕都是些很平凡的事情，但是，正是因为那些游泳选手埋头苦练，最终才取得了胜利。然而，由于研究的成果太过平凡，让他受到了同行很差的评价。

人们都期待更刺激的内容，比如“全都是遗传因子决定的”“能否成为天才，取决于 3 岁前所受的教育”等，但事实却是如此无趣，那些游泳选手只是在坚持自己的习惯而已。然而，不管怎么说，只有坚持习惯，才能够提升自己的才能。

天才们都说自己没有才能，是一个凡人。也许，这是因为他们觉得成为天才的过程都非常平庸无趣吧。

将自己与天才区分开来

天才是一个很方便的托词，只要一提到“天才”二字，就意味着不需要付出努力，仅凭天赋就能做成事。

——福原爱[①]

事实上，我们更期待的还是天才们的成功故事。像花样滑冰选手羽生结弦[②]、体操选手内村航平[③]这样的人，我们每隔 4 年才能看到其精湛的技艺。他们看起来就像是与我们分属不同世界的天才，人们会为其完美的表现而狂热和陶醉。

安琪拉·达克沃斯[④]曾引用尼采的话来解释这一现象：

“当人们看到完美的事物时，并不会去思考‘我该怎么做才能达到那种状态呢’。”

“人们都认为天才是像神一样的存在，所以没必要与其比较，让自己更自卑。既然那人是个超人，那也就意味着自己不可能竞争得过对方。”

---

① 日本乒乓球运动员，是日本历史上参加奥运会年龄最小的选手。

② 日本花样滑冰运动员，2014年夺得索契冬奥运金牌。

③ 日本体操运动员，2012年伦敦奥运会个人全能冠军，2016年里约奥运会男团冠军，2016年里约奥运会男子个人全能冠军。

④ Angela Lee Duckworth，美国华裔心理学家。

“才能”和“天才”并不是对谁的赞赏之词，而是很多人用来将其与自己区分开来的符号。

与其想着自己通过不懈努力就能获得某种永远不可能获得的才能，倒不如在看到自己难以企及的能力时，就承认那是自己力所不及的东西，这样更能让自己感到安心。

加法的才能、乘法的才能

我也并不认为，任何人只要能坚持付出努力，就可以成为与天才一样的人。

就像之前对“努力”和“忍受”的思考一样，我觉得“才能”一词也可划分为“才能”与“悟性”这两重含义。

诗人俵万智[①]认为存在“加法的才能”与“乘法的才能”。即使是同一种经验，有的人只会用加法思维去做简单的积累，而有的人则能用乘法思维迅速得出结果。

二者的这种差异就在于我所说的“悟性”。而我认为“悟性”与“才能”的差别，也正体现于此。

① 日本和歌诗人，也是当代影响力最大的和歌诗人。

· 悟性 = 学习的速度。

· 才能 = 坚持的结果，所掌握的能力。

例如，那些能很快学会外语的人，可以说在这方面是比较有悟性的。一旦有了悟性，其所付出的努力就能使自己更快地成长。但是，如果没有悟性的话，能否通过坚持不懈地做加法来让自己获得同样的技能，即所谓的“才能”呢？

才能不会消失，只会停止

远比我缺乏才华者，可由于专念磨砺而成就堂堂诗家的，也颇不乏其人。

——摘自《山月记》①

在最初的阶段，人们在悟性上的差别是很细微的。例如，在绘画课上能很快掌握技巧的孩子，会被表扬“很会画画呀”。

① 日本天才作家中岛敦的一本精选集，收录了他的《山月记》《弟子》《李陵》《光与风与梦》等9篇代表作。中岛敦的小说多取材于中国古典故事，独出心裁、文字优美，探究人性的幽暗与自我的存在，充满现代特质。

通过绘画可以获得表扬（回报），这让人感到欣喜，于是还想继续画画。甚至在上其他课时，也会在笔记本上随意地画几下。因为产生了自我效能感——“我能做到”，说不定还会自制连载漫画，发给周围的同学们看。被大家夸赞后，便又会再画。由于画画的机会变得越来越多，所以自己的画技也越发熟练。

也许，那个孩子将来还想考进美术学院呢。但是，当他了解到这个世界上和他一样会画画的人还有许多时，就会备受打击。此时，他才意识到因画画而被表扬的并非自己，而是别的什么人。由于不再能获得回报，所以画画的次数便减少了。这就是人常说的才能消失了。

只要自己坚持不懈，即便是用加法思维，也能累积出相应的才能。但是，当看到那些比自己更有悟性的人的学习速度后，会觉得正在做某件事情的自己简直就是个笨蛋，所以决定放弃。与其说才能消失了，倒不如说是因中止了原本坚持的习惯，而使才能就此打住了。

所谓“放弃”，就是认清了

上帝，请赐予我接受不可变之事的冷静、改变可变之事的勇气，以及分辨二者的智慧。

——雷茵霍尔德·尼布尔[1]

当然，不是所有人都能成为专家或一流人士。每个人都有自己发展的“天花板”。威廉·詹姆斯认为这就像“树木不会一直朝天生长”一样。

为末大[2]虽然很想在100米短跑项目中获得奖牌，但鉴于自己的身体条件，最后还是改练了400米跨栏项目。他没有出生在牙买加[3]，他的身高也不到2米……有很多东西是人无法改变的。因此，为末君才放弃了100米短跑项目。但他却说放弃也是一种认清。他并不是单纯地放弃了，而是认清了自己的极限。

即便病倒也能接受

我想要做的也是一样的事情，那就是弄清楚自己的极限、知

① Reinhold Niebuhr，美国最著名的神学家、思想家，是新正统派神学的代表，基督教现实主义的奠基人。

② 日本田径赛400米跨栏项目运动员。

③ 牙买加是一个体育强国，在田径方面非常出色。博尔特是该国最著名的运动员。

道自己几斤几两。然后，干脆利索地让自己放弃（认清）。只有认清了自己的极限，内心才能感到满足。

以生病的问题来举例，会比较容易理解。现如今，我每天都能有充足的睡眠，自己做一日三餐，吃糙米和蔬菜，坚持做运动，烟酒全都戒掉了。体检报告中所有项目都是 A，所以几乎不需要再担心健康上的任何问题了。

即便如此，我还是会偶尔生病。但我很快就能接受现状，因为我已经做了自己所能做的所有事情。这个疾病就是我自身的一个极限，面对它，我只能举手投降。

最好忘了“才能”这种词

这里，我又想起了武井壮所说的话了——“最好等到你付出的努力超过了那个人以后，再说有没有才能吧”。就像非常小的孩子学习扣西服的纽扣一样，即使花了好几天的时间，也还是会挑战失败。这种时候，他肯定会说：“我没有扣纽扣的才能！”当他看到成年人早晨起床后所做的一连串动作后，也肯定会说：“真是天才啊！”

我们经常所做的事情，也是与之完全相同的。在远没有达到自己的极限之前，面对不知深浅的挑战，将没有才能当作自己放弃的理由。因为没有才能，所以便让自己放弃。

就像每个人的悟性会有差异一样，每个人的极限也不相同。但是，最好在你能做到坚持习惯之后，再去想这件事吧。平时完全没必要把才能当作一个话题。

遗传因子的问题

才能并不是被赐予的，而是坚持不懈付出努力的结果。那么，我们从父母那里继承的遗传因子，就与之完全没有关系了吗？当然，也是会有影响的。

例如，音乐人小泽健二的家族就非常强大。他本人是东京大学毕业的高才生，父亲是研究德国文学的专家，母亲是心理学家，叔父是著名音乐家小泽征尔……从这个例子来看，有才能的人还真是天生就与我们分属不同的世界啊。当然，就某些方面来说，确实是如此。

但是，如果家族中有人曾从事某个行业的话，当你也打算走这条路时，所遭到的反对肯定要比别人少得多。因为自己的亲戚能做到，所以自己肯定也能做到——这就是对“自我效能感”所产生的影响。那么，这种影响又是如何体现在遗传因子上的呢？

遗传因子与环境

人生就是集中精力去做力所能及的事情，对于做不到的事情也不要有所遗憾。

——霍金

到底是什么决定了一个人？是遗传因子，还是外部环境？关于这个争论已久的复杂问题，加拿大心理学家唐纳德·赫布[①]给出了自己的答案："这个问题就像是在问，到底是什么决定了长方形的面积？是长边，还是宽边？"

而让我最有同感的，还是沃尔特·米歇尔所说的话："我们会成为什么样的人，这取决于'外部环境'与'遗传因子'紧密交织在一起所产生的影响。而这种影响是无法仅靠某一方就能实现的。"

---

① 加拿大心理学家，在神经心理学领域有重要的贡献，致力于研究神经元在心理过程中的作用。他被称为"神经心理学与神经网络之父"。

就像男女两人共跳一段舞蹈，我们之所以能感觉到美，到底是因为哪一方呢——问这种问题，实在是毫无意义。

无限的想法很有效

史努比说过这样一句台词："我们只能用手里的牌来一决胜负。"我们手中的牌，应该是会受到"悟性""遗传因子"等因素的影响吧。但是，通过后天培养的习惯，也能够像打扑克时那样，让我们有机会交换手中的牌。

心理学家卡罗尔·德韦克的研究揭示了十分重要的东西。在一项针对意志力的测试中，认为意志力是无限的人，会比那些认为意志力会越用越少的人所取得的成绩更好。意志力到底会不会减少这件事，我们暂且放到一边，单是这种认为意志力不会减少的想法，本身就有一定的积极效果。

"才能"与"遗传因子"的关系，也是与之完全相同的问题。至少，比起那些认为遗传因子会起到较大作用的人来，坚信后天还有很大改善空间的人往往会走得更远——这一点是毫无疑问的。

仅仅是因为自己的意志力比较强大吗

我曾经认为，在培养习惯的过程中，自己之所以能坚持下来，仅仅是因为自己的意志力比较强大而已。朋友看到我成功戒烟戒糖的样子后，也说“你的生活方式真的让我羡慕啊”。

心理学家巴里·施瓦茨把人分成两种类型，即“一直只听当前广播频道的满足型”和“不断变换频道才能让自己满足的探索型”。

前者是“知足派”，即使是在购物时，只要找到了适合的衣服便会心满意足；而后者则是“完美主义者”，他们会追求最好的那件衣服，为了找到它而不辞劳苦。

我觉得自己完全属于后者。当完美主义者找到令自己满意的事物时，就会非常喜悦，但为此所付出的心理和物理上的代价也是巨大的。当你最大限度地去追求心中的目标时，就会把自身的幸福扔到一旁了。

如果没能养成习惯，我的心情就会立刻变得很失落，这也是一样的道理。可以说，心情会立刻变失落的人，都是对自己有着较高期待的人。

有的人身上并无明显的优秀之处，但就是过得很幸福。有的人脸上会永远洋溢着幸福的笑容。这让我深切地体会到了“才能”

与“幸福”完全是两码事。对于那些现在已经过得很幸福的人，我觉得就没有必要再去劝他们培养良好的习惯或付出努力了。

最大的回报，就是让自己爱上自己

在问这个世界需要什么以前，请先去做那些能让你充满活力的事情。因为，这个世界所需要的就是一个个有活力的个体。

——哈罗德·威特曼

某位年轻女演员的话让我难以忘怀，她说“我喜欢努力的自己”。培养习惯能给你带来的回报有很多，其中最大的应该就是这种自我肯定的感觉了——让自己爱上自己。

某天，我在看推特上的状态时，有一句话突然映入眼帘，那是一位名叫 Yauchi Haruki 的网友所写的——“对几乎所有人来说，一个有效的目标就是‘成为快乐的人’。”

我基本上属于情绪波动比较少的那一类人，但是在完成了一天中所有的习惯性事情后，也会情绪高涨。特别是完成了今天该做之事的那种充实感，会让我变得非常快乐。

当一切顺利时，整个人就会非常高兴，也愿意去为他人提供帮助和支持。但是，当遇到不顺时，就想让他人都躲到一边去，自己一个人好好静一静。特别是在埋头于自己热衷的事情时，对他人提出的任何要求都会置之不理，整个人会变得心烦气躁。

那些自己想做的事情没有做成，就会觉得自己很没用的人，也不会重视他人努力的结果。自己努力都做不到的事情，也想劝他人放弃。这是一种很自然的“心理防卫”反应。

人们之所以会给出这种毫无建设性的意见，大部分源自对自我的否定。其通过满含热泪的双眼，看到的只能是扭曲的现实。我们能对他人表现出何种程度的友善，取决于自己有多快乐。

并非所有人都把“超一流”当作目标

运动员、音乐家、学者——研究这些世界顶尖人士的安德斯·艾利克森[①]曾表示：在超一流的群体中，认为练习很有趣的人，一个也没有。

---

① Anders Ericsson，“刻意练习”法则研创者，佛罗里达州立大学心理学教授，康拉迪杰出学者。

我现在给自己设定一个任务——用两个小时跑完马拉松比赛。像马拉松这样的比赛真的很残酷，因为通过准确的时间记录就能判断你的胜负。这意味着你要跑得比世界上的所有人都快才行，而这必须付出难以想象的努力。

不断坚持那种超越“舒适区”、超越“自身极限”的高负荷练习，绝不是一件有趣的事情。所以，我们的目标最好不要定得这么高。记住，每个人的心中都有一个“裁判员”。

如果我自己决定的习惯最终没有形成的话，就会非常沮丧，这是因为有一个严厉的“裁判员”在盯着我。不过，如果你早上没能早起，没有做运动，仍觉得这没问题并欣然接受的话，我认为这也没问题。

以前，与高中时代的朋友久别重逢，看到对方怎么变得那么胖了，我会笑着说“这也不是什么问题”。因为，我在之前就提到过“放弃 = 认清”。毕竟，我们每个人所追求的目标并不完全相同，而重要的是和朋友一样，对现实采取接纳的态度。

习惯=原始的生活？

先易后难的事情，是完全不值得去做的；而先难后易的事情，哪怕牺牲再多，我也想去做。

——小奥利弗·温德尔·霍姆斯[①]

现如今，我一直坚持在做的事情，对我而言都是简单容易的事情。

约翰·瑞提曾说："我所能给出的最佳建议，就是请你去模仿祖先的日常生活方式吧。"那么，祖先的日常生活方式是怎样的呢？他们日出而作、日落而息（睡觉），没有太多的时间供支配，为了狩猎和搜集食物而四处奔走（工作、运动），接受来自大自然和年长者的教诲（学习），并会唱歌跳舞（兴趣、艺术）。

为了适应这些活动，我们人类的身体也进化出了相应的机制。通过做运动，可以让人脑中负责"学习"功能的神经元更好地成长。虽然运动会很辛苦，但身体分泌出的皮质醇能让我们产生陶醉感。这些内容我已在本书中多次提到过。

可是，现代社会交通工具发达，已让我们的生活中无须很大的运动量。所以，我们吃了太多的美食，却不怎么运动，这就导致我们难以体会到原本应有的那种快乐。

要买车，要去旅行，要吃美味的食物，要让子女受教育……

① Oliver Wendell Holmes Jr，美国诗人老奥利弗·温德尔·霍姆斯之子，美国著名法学家，美国最高法院大法官。

现如今，人的一生所需要做的事已大大增多，可重要的睡眠时间却被不断削减，这让我们感觉“入不敷出”。怎么看都是在本末倒置。

原始生活状态中自然而然就能感受到的快乐，已经渐渐离我们远去，只有通过培养习惯的方式，才能将其重新找回来。

“活着”与“成长”相结合的时代

原始的生活方式中充满了成长的快乐，因为那个时候还没有出现所谓的“社会分工”。

在原始社会，必须学习的东西有很多。除了追踪猎物和储藏食物以外，还要学会通过环境来看天气、寻找水源、结绳和制作工具、用自然的材料建造家园、绘画、占卜……可以说，有穷尽一生也学不完的海量知识。

其实，不用回溯到原始社会那么远，在几乎人人都是公司职员的战前社会①，就有这样的生活状态了。“百姓”，其实就是有百种职业能力的人。随着年岁的增长，学会的东西越来越多，因此，

① 此处指的是日本“二战”前的社会状态。

人们自然会对年长者充满敬意。在那个时代及以前，“活着”与“成长”这两件事是直接相关联的。

人为何要追求成长

据格雷戈里·伯恩斯[①]介绍，当人遭遇预料之外的事态，或者做出迄今为止未曾做过的行为时，就会分泌出大量的多巴胺，也就是说会让人有新鲜感。

格雷戈里·伯恩斯推测，多巴胺可以让我们从外部环境中获得新的信息，这样我们才能“生存”下去。

心理学家怀特认为：人会想要从身处的环境中搜集到信息，并提高改变外部环境的能力。而且，作为一种本能，每个人都想要确认自己对所处的环境能做些什么，自己的能力到底有多大。

像友寄隆英[②]制作的那种“幸存者”节目里的生活状态，以

① Gregory Berns，美国神经经济学先锋人物，加州大学医学与生物医药工程双料博士，现任埃默里大学神经经济学教授、神经政策研究中心主任。美国神经经济学协会创始会员、秘书，美国精神病学与神经病学委员会认证精神病学家。

② 日本电视综艺节目导演，制作过在无人岛上生活的真人秀节目。

及电影《荒岛余生》[1] 中漂流到荒岛上的生活状态——经历过这种生活状态的人，应该能更好地理解这种本能吧。

一万多年前过着游牧生活的人，应该对这种由多巴胺带来的满足感和本能有深刻的体会吧。如果定期改变居所的话，每次都会有探索和掌握这一环境的乐趣。

人们的好奇心以及追求成长的心情，也许就源于这样的一种本能。

必须刻意追求成长的时代

与我们的祖先不同，现代人只能让自己刻意地去寻求成长机会。

以我自己为例，当我研究哪些杂草可以食用时，会聚精会神地盯着道路旁的野草，而这是我以前从未做过的事情；在干过泥瓦匠或铺木地板的工作后，我就会开始了解店铺装修的方法；为了建造移动房车而开始研究建筑知识后，我参观寺庙时的视角也变了；有过坐橡皮筏顺流而下的经验后，每次透过车窗看到河时，

① 由汤姆·汉克斯、海伦·亨特等主演的剧情冒险片，该片讲述了一个联邦快递公司员工在南太平洋上坠机后流浪到荒岛上的故事。

我就会想着怎样才能顺利漂流过去呢……

当你所关心的层次提升时，能从中获得的信息也随之增多了，就像一个不同以往的新世界展现在了眼前。但是，像分辨哪些草可以食用、搭建房屋、在河里漂流等事情，放在原始社会的话，这些都是在生存的过程中自然而然就能掌握的。而在现代社会里，这些却成了我们必须刻意去寻求的成长机会。

对我而言，锻炼身体也是一样的道理。通过练习瑜伽，能让我听懂来自身体的“声音”。我越是跑步，越能与自己的身体成为好朋友。

如果你不去寻找适合自己的成长机会，那就只能享受世间早已准备好的那些“俗套”乐趣。像游乐园、手机游戏等都会让你感到快乐。因为，它们设计出来就是为了让所有人都能享乐的。但是，这种固定的享乐方式，总有一天会让你感到厌倦，甚至也会对自己感到厌倦。

将适合自己的成长机会化作每天坚持的习惯性行为，这会让你对自己也产生新鲜感。这样一来，才可以满足你的本能。

幸福的钱包也有破洞

应该纠结的不是成功，而是成长！

——本田圭佑[①]

我认为，成长才是最重要的，而幸福并不会像存款那样越攒越多，幸福的钱包底部有个很大的破洞。

前文中也介绍过，参加奥运会的选手会患抑郁症，参与阿波罗计划的宇航员也会表现出相同的症状。而我自己也遇到过类似的问题。我的上一本书《我决定简单地生活》大卖，被翻译成了20多种语言出版，一次又一次地加印，还被日本及海外数百家媒体报道。直到现在，我还会收到海外读者寄来的“让人生焕然一新”的感谢邮件。

也许在旁人看来，我现在已经是大获成功的状态了——从之前的无名小辈变成了现在的成功人士。但是，之前所获得的成功，很快也会变成我的一个参照点。

在采访中，我总是说着相同的话，这让我感觉自己变得很空洞。翻看自己的日记，发现在书籍大卖获得成功以后，我对自己

① 日本足球运动员。

愈加放纵了——过量饮酒，无心去工作。

我想说的是，“幸福”不同于“金钱”。并不能将过去积攒的“幸福存款”日复一日地取出来挥霍，同时再用今天的自我肯定感去弥补。

意志力会受到眼下行为的影响。当你做成某件事时，就会产生自我肯定感。因此，每一天都必须让自己感受到成长与满足感。好汉不提当年勇，如果总是自夸过去的成就，并不能让你获得自我肯定感。

不安并不会消失，要与不安做朋友

即使有再多的经验，也无法让内心的不安消失。你只能让自己与不安做朋友。

——大杉涟[1]

借助习惯的力量来度过每一天，能让我们学会与不安和平相处。人们对于自由职业者的状态总是感到不安——“这样下去能

① 日本演员，第二十七届东京体育电影大奖最佳男配角。

长久吗？”“存款还剩多少？”不过，现在的我完全感受不到这种不安。

其实，这种不安感来袭，并非在你发现“存款已经减少了这么多”的时候，而是在你一整天无所事事、虚度光阴的时候。像存款余额这种客观存在的东西，并不是主要的原因，而那种我们自身感到后悔的情绪，才是不安感产生的主要原因。

例如，体重的问题。明明努力做运动、节食了，可第二天发现体重还是增加了。不过，这种时候我并不会感到十分失落。毕竟我已经做了自己能做的所有事情。而真正会让我感到失落的，就是发现自己本该去完成的事情却没有完成。

不安与烦恼真的只能算是情绪上的问题。其本身并非问题，问题在于我们要如何去应对这种情绪。我在情绪低落时就会去跑步，这有助于恢复大脑供血，以及多巴胺和皮质醇的分泌。这样，我的心情也会随之转好，感觉自己能解决任何问题。

不安也是人所必需的

疼痛虽然令人讨厌，但也是必要的身体信号。明明腿部骨折了，却感觉不到疼痛，就会让受伤的部位进一步恶化。从这个意义上说，疲劳感也有一样的作用。疲劳感意味着这一天过得很充实，做成了某些事情。

而不安的作用也是同样的。如果没有不安的话，人就只会做出“无脑”的行为，而不会思前想后。正因为有不安的存在，才让我们学会了订立计划。过度的不安确实很烦人，但适当的不安可被视作自己获得成长的一种信号。之前我说过，当你在坚持习惯的过程中，就会失去烦恼的时间。而且，当你能借助习惯的力量来度过每一天时，也就学会了如何与不安做朋友。

不安是我们对未来的一种感觉。而且，这种未来也是建立在将现有的状态继续保持下去的基础上的。经由日复一日的满足感累积而成的未来，也不太可能变得更糟糕吧。

心态也是一种习惯

心态变了，态度就会跟着变。

态度变了，行为就会跟着变。

行为变了，习惯就会跟着变。

习惯变了，人格就会跟着变。

人格变了，命运就会跟着变。

命运变了，人生就会跟着变。

习惯思维所能发挥作用的地方，不只在于早起、运动等这些常见的“新年目标”上，还有我们的心态。而人们经常脱口而出的话语，实际上也大多源于习惯。

学龄前的孩子在下公交车的时候，会大声地对司机说“谢谢”——每次看到这样的场面，我都会心一笑。长大成人以后，人们在不知不觉间就不愿意再说感谢的话语了。

虽说支付了车费，但是如果没有司机的话，我们还是无法到达目的地。而向其表达感谢之情，也不会让我们有什么损失。对司机表达感谢，也让他所从事的工作多了一份价值。基于这样的想法，我也想在每次下车的时候向司机说声“谢谢”。

但是，就是这么简单的一件事，我在最开始时却难以开口。在拿出钱包准备支付车费的时候，内心就已经感觉很紧张了。因为其他的乘客并不会像我这样做。但是，在尝试过几次以后，我便可以在下车时脱口而出感谢的话语了。这已经成了我自己的一种习惯。

热心与微笑的习惯

在上班的路上，看到某人的手帕掉落时，瞬间帮他拾起来。这并不是一个经过思考后做出来的行为，而是基于一种“热心的习惯”。在纽约生活时，最让我感动的事情就是，当有人推着特别重的婴儿车时，大家都会毫不犹豫地上前帮忙。就像条件反射一样，热心地为他人提供帮助已经成了一种习惯。要是换作日本人的话，虽然大家心里很想上前去帮忙，但多少会觉得有些不好意思。

意志力并不像能量或体力那样会越用越少，其实通过情绪的调整是能够得以恢复的。一点点的善意，就会让双方都感受到快乐。在这之后，就能更好地去处理接下来的问题。

有的人特别喜欢笑，并且能用自己的笑容去感染他人。我自己就很不擅长微笑，嘴巴周围控制表情的肌肉很僵硬。因此，我会在家对着镜子努力培养微笑的习惯。虽然这听起来有些怪怪的，但经过很多次的练习后，我现在一看见镜子就会自动地笑起来。可是，在人前还是很难展现自己的笑容。在养成了微笑的习惯后，每次照相时我也会比以前笑得更自然些。虽说江山易改，本性难移，但通过练习还是多少能改善一些吧。

思考的习惯

虽然我自己很不善言辞，但是在推介“极简主义”期间，也上过很多档广播节目。所以，无论听众有什么疑问，我都能对答如流。

之所以能做到这一点，是因为我对“极简主义”有着长时间的思考。在写书的时候，我也是先假设出各种问题，然后一次又一次地向自己提问。所以，问题就相当于我的触发要素，而答疑解惑对我来说就是一种惯例行为。

也许，人们并非对表达这件事很擅长，当面对从未思考过的问题时，即使头脑再灵光，也会一时语塞吧。

能出口成章的人，可以说都是将自己的思考变成了一种习惯。我在不断思考“极简主义”的过程中，也将对很多事物的思考变成了自己的习惯。

在物质越多越好的价值观当道的时代，我却意识到物质也可以越少越好。于是，我便将思考“当今世界上普遍持有的价值观真的正确吗”这一问题当成了自己的一个习惯。

我认识到有得必有失，有失也必有得。而从这一点引申出的思考就是，“那些自己未曾得到的东西，又让我获得了什么样的价值呢”。

虽然看到父母带着孩子在公园里野餐的场景会让我心生羡慕，但是紧接着我就会想到，自己所获得的则是随心所欲和自由自在这样史人的价值。

对于重要的事情，不必刻意去想着一件一件地检查，大脑自动就会有所思考。你不可能忘记重要的事情，因为这已经成了每日必做的事情——这就是思考的习惯。

每次你所选择的价值观，实际上都是一种习惯。这几乎都不是经由意识做出的判断和选择。

高城刚[①]在被问到是否允许别人将自己的著作加入“Kindle Unlimited”服务[②]时，是这样回答的："当然是选择这种创新的方式。”在面对多个选项时，他不必进行详细的研究调查，而是优先选择“创新的做法”。冈本太郎[③]也总是只选择一个选项，那就是“看起来像是会失败的方法”。也就是说，他通常选择的都是那种不那么容易取得成功的挑战。

通常，人们面对选项时，不是有意识地让自己苦恼，而是基于习惯当即做出决定。详细研究所有的选项，然后选出最佳的一

① 日本影视编剧。

② Kindle Unlimited是亚马逊于2014年7月18日推出的一项服务，读者每个月花费9.99美元便可以阅读60万册电子书和音频书。

③ 日本极负盛名的建筑大师，他的作品中体现了丰富的日本民族特色。

个——人们并不具备这样的能力。但是，如果是基于自己所坚信的价值观做出的选择，那么无论结果怎样，都能够欣然接受。

人们唯一能做的就是，在事后回看的时候，将当时所做出的选择“当作”最佳选项。所以，了解了这一点的人就能提高自己做判断的速度。

习惯，是在某一瞬间被养成的

威廉·詹姆斯将习惯类比成“河道中的水流”。当水流经一无所有之地时，因为没有成形的河道的约束，所以水流会四处扩散开来，这时就会难以顺畅地流动。这里的水流与大脑的神经回路有着异曲同工之妙。受到刺激后，神经元中会有电信号流过，这种电流会使神经元之间的连接变得更加牢固。

俗话说：“你会成为什么样的人，完全取决于你一天中的思考。”我也很认同这句话。人一天中要思考 7 万件事情，这些都会在自己的内心引起反响，一点一点地对自己产生影响。一次次的思考，才形成了这个人的人格。

我们正在做的事情也许并不会被他人关注到。但是，我们的大脑却会在某一瞬间被所思考的事情、所目睹的事情影响，从而渐渐形成习惯。

懒惰很痛苦，活跃也很痛苦

理性并不是为了要排斥某些事物，恰恰是为了接纳某些事物。

——摘自电影《下一站格林威治村》

在我无所事事、慵懒度日的那半年里，的确过得轻松惬意，但并没有体会到成长的喜悦和满足感，所以那半年我过得并不算快乐。

以前，当我看到那些没有在工作或者不愿意工作的人时，会责备他们太懒惰。因此，当自己也被迫变成这种状态时，就觉得是自作自受。但是，我并未从这种懒惰的状态中感受到一丝快乐，而那种“自我肯定感”和“自我效能感”更是无从谈起。其实，那真的是一种很痛苦的状态。

而那些在工作中很活跃的人，也感觉很痛苦。也许工资收入、来自他人的称赞等这些回报看起来很多，但是，他们付出了很多努力，来自群体和追随者的压力也是很大的。

铃木一郎在谈到“如果重活一次的话，还愿意选择相同的道路吗”这一话题时，就表示“肯定不愿意”。下面就是我对此的想象：

当铃木一郎不断取得成就时，外界渐渐地就将此种状态视作理所当然的。即便年龄会增长，但状态不会随之改变。因为是铃木一郎，所以就一定能做到。在外界评论如此之“高”的前提下，铃木君所能感受到的回报实际上变得越来越少了。

从情绪的角度来看幸福

意志力是无法进行锻炼的，其与人的情绪密切相关，而且总是不可靠的。那些被外界称为“一流精英”的人，你可以通过观察他们的行为举止，明白这一点。

职业运动员也会对药物和性产生依赖，无法战胜兴奋剂的诱惑；政治家也好，电影制作人也好，这些已经功成名就的人，也会闹出丑闻。即便是埃里克·克莱普顿[①]、布拉德·皮特[②]，也会对酒精产生依赖。齐达内[③]职业生涯的最后一战，竟然是以用头顶

---

① Eric Clapton，英国歌手、作曲家、吉他手，曾获得18个格莱美奖，是20世纪最成功的音乐家之一。

② Brad Pitt，美国演员、电影制片人。

③ Zinedine Zidane，法国前职业男子足球运动员、教练。

撞对手的方式而告终的。

获得过 7 个格莱美奖的布鲁诺·马尔斯[①]，在时隔 4 年后再次来到日本，在埼玉超级体育馆举办演唱会。在表演的过程中，他对坐在最前排用手机自拍的观众感到非常不满，甚至把毛巾扔向了他们。所以你看，无论多么成功的人士，在某一瞬间也并不比周围欢笑的普通人更加幸福。

人无完人。优秀的人或有责任感的人，往往会被要求一天 24 小时必须运用他们的意志力。但是，世界上还真没有人能真正做到这一点。因为意志力与人的情绪息息相关，而没有情绪的人是不存在的。

因此，我们应该把他们视作与自己一样的人。至少，在他们犯错误时，不要去全盘否定他们所取得的成绩。人都是不完美的，也正因为如此，才有可爱之处。

谁都在幸福与不幸之间徘徊

去和他人接触，或者集中精力去学习，哪怕跳一跳舞也可以。

---

① Bruno Mars，美国创作型男歌手。

这样所产生的副作用，就是能让你体会到幸福的滋味。我们应该更多地关注自己所追求的幸福，而不是追求幸福这件事。

——摘自电影《寻找幸福的赫克托》

人不会永远沉浸在已经得到的喜悦之中。进化心理学家丹尼尔·列托在谈到人类的这种习性时，举了这样一个例子：即便很喜欢眼前的这片草莓地，但对面的河川也可能是养殖大马哈鱼的绝佳渔场。

对于生存来说，只要有眼前的草莓地就足够了，即使不去发起新的挑战，也能让自己活得很轻松了。但是，为什么人类就是不满足呢？生物学对此的解释是这样的：如果对已经拥有的东西（草莓地）做出过高评价的话，一旦环境生变，就很可能无法继续生存下去。如果能找到新的粮食来源，即便草莓地荒废了，自己仍能生存下去。所以，人类总是要追求一个又一个“新东西”。

对已经拥有的东西感到满足且不会厌倦的人，应该就是幸福的吧。但是，对已经拥有的东西感到厌倦，并渴望追求新东西，也是人类的本能使然。

无论到任何时候，我们都会感到苦恼和不安。人类真可谓是善于自寻苦恼的天才啊。无论习惯了怎样的外部环境，也会有感到厌倦的那一天。人类社会正是基于这种本能，才变得如此繁荣。

人会感到苦恼和不安——与其说是自己出了什么问题，倒不如说这是人与生俱来的一种本能。音乐家前野健太有一首曲子就叫《苦恼和不安无可战胜！》。如果永远也摆脱不掉的话，那就试着和它们成为朋友吧。

我在写上一本书的时候，就切身体会到了这一点。虽然自己大获成功，但紧接着头脑中就冒出了下一个目标，心里也希望能顺利达成。我只能像这样，不断地去累积满足感。而我自己也从来没有想过“自己已经很幸福了”这件事。

能安心地睡着，衣食无忧，找到合拍的友人或爱人——即使在做到这一切之后，人们还是会一直在幸福与不幸之间徘徊。这就是人的本性。

名叫“痛苦”的伙伴

痛苦本身并不会消失，而我们却会在痛苦中逝去。

——永井宗直

我在开始培养习惯的时候，是这样来思考痛苦与快乐的：

· 先痛苦、后享乐 = 努力

· 先享乐、后痛苦 = 懒惰

这看起来只是将痛苦与享乐的先后顺序对调了一下而已。难道说努力与懒惰是完全相同的行为吗?

当你能将习惯坚持下去后,就能进一步体会到“苦与乐”了。努力的过程中当然会伴随着痛苦：跑步时会感到上气不接下气,举杠铃时肌肉会酸痛。但是,这些行为结束后,就能体会到满足感。在一次又一次的重复过程中,让我知道虽然此刻正经受着痛苦,但之后必然会有满足感。

这种状态进一步发展的话,你就很难说清楚此刻所感受到的究竟是痛苦还是快乐了,就好像是痛苦与快乐的时间轴重叠了一样。此刻所感受到的痛苦中,同时也出现了快乐——这就是我们常说的“痛并快乐着”。

在养成习惯以后,痛苦也不会就此消失不见。但你对会有痛苦这件事已经习以为常,会把痛苦当作自己的一个伙伴。

我曾经也想着要尽可能地减少自己的痛苦,但现在想来着实是错误的。僧人永井宗直在谈到佛教的修行时就曾说：打扫也是修行的一部分,但对于“这里看起来很干净,所以就不用打扫了”这样的想法,我们要将其彻底地消除。

他说：“‘去做那件事、去做这件事’‘好的、好的’——像这样，无须经过任何思考直接就去做，才能将我们的注意力集中在应该做的事情上。如此一来，像‘得失’与‘苦乐’这些基于主观的判断就会变得越来越少。当‘得失’或‘苦乐’之间的差别消失时，就说明我们开悟了。”

这让我想起来我都一直想要去战胜或超越的痛苦，我想以此来获得快乐。但是，现在我开始试着用不同以往的视角来重新审视眼下的痛苦。“Compete”一词在英语中的意思是“竞争”，但在拉丁语中的意思则是“并肩战斗”。所以，现在的我就像是警匪片中的人一样，将痛苦当作自己可以信赖的伙伴，放心地让它待在自己的身后，和我并肩作战。

边跑边思考，边思考边跑

现在的我会一直想象着上面一节提到的场景。虽然我一直很想参加马拉松比赛，但是一看到那些参赛选手，就感觉自己和他们完全不在一个水平线上，觉得我还是回去给他们加油吧。所以，我总是坐在观众席里。

我所能做的仅仅是看完一本关于跑完马拉松的方法的书，而不是让自己实际去跑一跑。因为，我怕自己不专业的跑步姿势会引来周围人的嘲笑。

后来，我终于鼓起勇气报名参加了马拉松比赛。而我所能做的，就是让自己认真地做好热身工作。虽然我已经听到了“开跑”的信号，但还是会不安地一遍又一遍系鞋带，反复认真地做热身运动。

在我做这些事的时候，其他的选手都已经纷纷上了赛道，开始绕圈跑了。当一些选手跑完一圈时，我才真正从起跑线出发。

我落后了很多。也许，等我跑到终点线的时候，会场的工作人员都已经开始打扫卫生了。但是，我终于意识到：无论我落后多少圈，哪怕无法在规定的时间内跑到终点，我也已经感到满足了。我现在并没有在观众席上，也不在电视机前，而是和其他选手一样在赛道上跑步。

痛苦会说：“后面看起来会更加辛苦哦，怎么样？要不要放弃？”

而我会说：“喂！喂！你在和谁说话呢？”

既然已经系好了鞋带，那就别想太多，让自己先去跑吧。

（排名不分先后）

沃尔特·米歇尔《糖果实验》，早川书房

格雷戈里·伯恩斯《大脑感知“活着”的时候》，NHK出版

大卫·伊格尔曼《你所不知道的大脑——“意识”只是个旁观者》，早川书房

国分功一郎《中动态的世界“意志”与“责任”的考古学》，医学书院

乔纳森·海特《幸福假设》，新曜社

梅森·柯瑞《天才们的日常生活》，Film Art社

丹尼尔·列托《恍然大悟的幸福学》，Open Knowledge出版社

丹尼尔·钱布林斯《让明天的幸福更科学》，早川书房

罗伊·鲍迈斯特、约翰·泰尼《“意志力”的科学》，Intershift出版社

安琪拉·达克沃斯《掌握决定人生一切成功的“终极能力”》，Diamond出版社

凯利·麦格尼格尔《斯坦福大学“改变自我”教室》，大和书房

伊恩·艾尔斯《关于干劲的科学》，文艺春秋出版社

查尔斯·杜希格《习惯的力量》，讲谈社

格雷琴·鲁宾《如何培养能改变人生的习惯》，文响社

斯蒂芬·盖斯《微习惯》，Diamond出版社

罗宾·夏玛《坚持三周就能改变一生》，海龙社

威廉·詹姆斯《心理学》，岩波书店

池谷裕二《大脑与内心的关系》，新星出版社

池谷裕二《替大脑的辩解——为何人总是得不到幸福？！》，新潮社
池谷裕二《单纯的大脑，复杂的“自己”》，讲谈社
池谷裕二《大脑中的奇怪癖好》，新潮社
池谷裕二、系井重里《海马——大脑不会疲劳》，新潮社
《神经元专刊：脑力的构造》，神经元出版
汤姆·杰克森《改变历史的100个大发现：心与脑之谜》，丸善出版
斯蒂芬·金《小说创作法》，ArtistHouse出版
安藤寿康《遗传因子的真相——所有的能力源自遗传》，筑摩书房
小出义雄《即便每天都跑马拉松，也无法跑到终点》，角川SS出版社
村上春树《当我谈跑步时我谈些什么》，文艺春秋出版社
角田光代《为何人到中年才特意开始运动》，文艺春秋出版社
梅原大吾《保持连胜的“意志力”》，小学馆
小西庆三《铃木一郎的作风》，新潮社
福冈正信《自然农业法：一根麦秆的革命》，春秋社
鲍勃·舒瓦茨《不用节食也能减肥的方法》，白夜书房
梦枕貘、谷口治郎《垂直极限》，集英社
吉本浩二、宫崎克《怪医黑杰克的创作秘闻——手冢治虫的工作现场》，秋田书店
远藤浩辉《全能格斗士》，讲谈社
《思考者》，2010年8月号，新潮社
PRESIDENT，2016年2月15日号，PRESIDENT杂志社
《国家地理》，2017年9月号，日经国家地理出版社
《新潮》，2018年3月号，新潮社
AERA，2018年3月26日号，朝日新闻出版社

本书的撰写过程可谓是“一段极为艰难的航行”。岂止是艰难，简直就是每天都触礁（笑）。因为一开始我并没有将每天都写书稿这件事当成自己的习惯，而是最后的最后才养成这一习惯的。

头脑中突然冒出“下本书的主题就写‘习惯’好了”的念头，是在 2016 年的 1 月 7 日那天。据我的日记记录，当时我正坐在开往御茶水的电车里。从那之后，经过了两年半的时间，才终于成书。为什么会花这么长的时间呢？现在的我大概知道原因了。

在本书的第三章中，我引用了作家约翰·厄普代克的话：“停止写作当然会让自己感到轻松，但一旦习惯了这种状态，就很难再动笔创作了。”我自己就是这样，因为长时间不动笔，已经习惯了不写作这件事了。

所以说，如果我没有在写书的过程中学到有关“习惯”的知识，也是不可能写出这样一本关于“习惯”的书的。虽然这句话听起来有些奇怪，但我确实是一边受教于自己所写的内容，一边把本书写完的。

因为我是以这样的状态来写书稿的，已经远远超过了截稿日期，导致一次又一次地申请延期出版发行。对原本做编辑的我来说，这算是一种超高难度的操作了。

由于责任编辑八代真依的结婚典礼和蜜月旅行刚好撞上了本书的截稿日期，所以她想“如果刚好能在此之前完稿，我就能带着轻松的心情去旅行了”，但是，结果还是事与愿违啊。即使在严重超期的情况下，八代君还是耐心热情地提供了帮助。我真是打心底里想向她道歉，同时也祝她新婚快乐。

图书编辑部的内田克弥先生，虽然他不是我的责任编辑，但仍阅读了书稿，并给出了详细的建议。他就是我心中那位“很想写完后让他读一读，听一听他的感想”的编辑。在写作的过程中，他给我提出了很多必要的修改意见，在此我要特别向其表示感谢。

像我这样一个刚出道的新人作者，能够得到图书编辑部部长青柳有纪的关照，实在是一件令人欣喜的事情。而本书的出版则是由我以前供职的 Wani Books 公司来负责的。所以，每次见到负责本书的前同事们，都让我非常开心。在这里，我要向以制作部的大冢俊幸、销售部的樱井释仁为首的各位朋友说一声“谢谢”，给大家添麻烦了！

我还要感谢绘制出超出我预想的漂亮插图的山口圣子，以及制作出多个难分伯仲的封面、尽量满足我的每一个小小要求的设计师西垂水敦。

同时，我还要感谢负责 DTP、校正、印刷等环节的各位朋友。

我也要反省自己，如果能做得更仔细认真一些的话，就不会给大家添那么多麻烦了。此外，我也要感谢物流、代销点、书店的各位朋友，也请你们多多关照啊。

还有，我还要感谢本书中所提及的研究学者、创意人士、运动员们。与其说本书是我自己写成的，倒不如说是在吸收消化了你们的观点后，重新编辑而成的。

我还要感谢我的父母。本书中的一个重点话题“糖果实验”的设计者沃尔特·米歇尔，在谈到子女教育的问题时这样说过：“最容易在实验中取得成功的，是那些被父母充分尊重的孩子，而不是那些被父母过度控制的孩子。”

虽然我是一个意志薄弱的人，却是在父母的良好教育下成长起来的，所以我才养成了现在的所有习惯吧。

我是在29岁的时候才开始运动的。最近我才回想起来，这应该是受到了在那一年突然去世的父亲的影响。父亲曾告诉我“要多运动，控制饮食”，所以我才会这样做的。还有，我之所以选择参加马拉松比赛，也是深受母亲的影响，因为她喜欢跑马拉松。真的是非常感谢他们。

在第三章中，我还提到了培养习惯的一个诀窍——公开宣布。因为这样能给自己施加压力（笑）。我在这里也想宣布一下我下本书要写的主题：第一个，就是本书中也提到的“戒酒”这件事，我很想就此展开再详细地说一说。书名就叫《快乐戒酒》。虽然饮酒让人感觉很快乐，但戒酒也同样可以是一件很快乐的事。我不会向那些原本就不想戒酒的人推荐这本书的，所以，他们大可放心。而我第二个想写的主题就是“情绪”了。我很想将其与“金钱”联系起来，写一本《情绪货币论》。我第三个想写的就是“将糖果想象成云朵”的“认知能力”。书名就叫《随意篡改现实》好了。我想做更多的尝试，比如同时写这几本书。就像“习惯之神”安东尼·特罗洛普（虽然他的作品我还未读过）那样，在写完这本书稿后，就立刻开始创作下一本。

我的上一本书《我决定简单地生活》曾被翻译成多种语言出版，海外的出版社也曾说：“如果是佐佐木君的下一本书，还请务必交由我们来翻译。”现在，我连书稿都还没有完全写完，就已经感受到这种压力了。但是反过来想，如果没有这样的出版方，没有在尚未发行前就表示“我们预约了”的读者们，我肯定也就不会再写书了吧。

我现在是单身，搬到了乡下生活。我想今后应该会一直这样过下去了吧。但即便是在这种生活状态下，我也能意识到：自己是为了他人而写作的，自己是为了他人而活着的。

佐佐木典士

2018 年 5 月 27 日

培养习惯的50个步骤

STEP 1 切断恶性循环

STEP 2 首先要决定好戒掉什么习惯

STEP 3 利用转机

STEP 4 完全切断的方法其实很简单

STEP 5 必须付出代价

STEP 6 找出习惯的触发要素与回报

STEP 7 成为发现真凶的侦探

STEP 8 别拿个性当借口

STEP 9 首先养成一个核心习惯

STEP 10 写下自我观察的日记

STEP 11 通过冥想来锻炼认知能力

STEP 12 要知道不开工就不会有干劲

STEP 13 先要降低门槛